KB270603

가족의 건강을 위해
소박한 밥상을 차리려는
당신을 응원합니다.

______________ 님께
______________ 드림

가족의 건강을 지키는 밥상혁명

야하게
먹자

글 | 노현숙

사진 | 농민신문사 · 웰메이드 자료사진

디자인 | 웰메이드

제호 캘리그래피 | 진기획

기획 · 편집 · 마케팅 | 농민신문사 출판기획부

발행인 | 최원병

발행처 | 농민신문사

초판 1쇄 발행 | 2012년 2월 20일

개정판 1쇄 발행 | 2013년 5월 15일

인쇄 | 삼보아트

등록번호 | 제 1-1218호

주소 | 서울시 서대문구 통일로 81(미근동 267) 임광빌딩 15층 농민신문사

주문 · 문의 | 전화 02-3703-6136, 팩스 02-3703-6204

홈페이지 | http://www.nongmin.com

편집저작권 | ©2012 농민신문사

ISBN 978-89-7949-115-1

값 **15,000원**

野 야하게 먹자

노현숙 지음

농민신문사

가족의 건강을 지키는 밥상혁명 야野하게 먹자

들어가며

●　　　100세 시대가 성큼 다가왔다. 예전에는 100세까지 산다는 것은 상상하기조차 힘들었다. 100은 그저 희망 사항이자 꿈의 숫자였다. 하지만 평균수명이 점점 늘어나면서 희망 사항이 눈앞의 현실이 되고 있다. 1970년 한국인의 평균수명은 62세였으나 2010년엔 80세를 넘었다. 40년간 평균수명이 20년 가까이 늘었다. 2040년에는 90세에 이를 전망이다. 장수를 축하하기 위해 60세가 되면 으레 했던 환갑잔치는 생일 이상의 의미를 잃은 지 오래다. 80세가 기준이던 보험 상품들도 이제는 100세 보장으로 탈바꿈하고 있다. 80세를 넘어 90세, 100세에 이르는 삶이 더 이상 먼 얘기가 아닌 것이다.

단순히 오래 사는 것이 아니라 얼마나 건강하게 오래 사느냐가 중요해졌다. 의학의 발달로 평균수명이 연장됐지만 암 등 각종 질병도 늘어나고 있다. 미국 국립암협회지에 따르면 암 발생 원인의 35%는 음식, 30%는 흡연, 25%는 기타, 10%는 만성간염에 있다. 우리의 잘못된 식습관이 암 발생에서 가장 큰 비중을 차지하고 있다. 역으로 음식만 잘 먹어도 암의 3분의 1은 예방할 수 있는 것이다.

과거 배부르게 먹어보는 것이 소원이었던 때가 있었다. 음식의 질보다는 양을 따졌다. 몸에 좋은 음식과 나쁜 음식을 가려 먹는 것은 그야말로 사치였다. 하지만 영양이 차고 넘쳐나는 요즘은 음식의 양보다는 질을 먼저 따진다. 생활의 여유가 생기면서 삶의 질에 대한 관심, 특히 건강에 대한 관심이 높아지고 있다. '웰빙' 열풍으로 몸에 좋은 음식을 챙겨 먹고, 몸과 마음을 건강하게 가꾸며 사는 법이 최대

화두로 떠오르고 있다. 건강 관련 프로그램에서 소개된 식품은 그 다음 날이면 날개 돋친 듯 팔린다. 건강에 대한 소비자들의 관심이 그만큼 커지고 있다는 증거다.

우리는 식생활의 빈곤에서 탈피했지만 잘못된 식습관 등으로 각종 질병에 시달리고 있다. '약식동원藥食同源'이라는 사자성어가 있다. 약과 음식은 그 근원이 같고, 좋은 음식은 약과 같은 효능을 낸다는 말이다. 음식이 건강에 직결된다. 어떤 음식을 어떻게 먹느냐에 따라 건강도 달라질 수 있다는 얘기다. 그렇다면 어떻게 먹어야 건강하게 오래 살 수 있을까. 바로 이 땅에서 난 제철 음식을, 덜 가공된 상태로, 거칠고 단순하게, 통째로 다 먹는 것이다. 장수마을은 지역에서 난 농산물로 거친 음식을 만들어 밥상을 소박하게 차린다는 공통점을 갖고 있다. 부드럽고 달콤한 음식에 입맛이 길든 우리에게 가공하지 않은 자연 그대로의 야(野)한 음식은 맛도 밋밋하고 입에서도 겉돈다. 하지만 야(野)한 음식은 비록 입에는 거칠지만 몸에는 좋다.

몇 년 전까지만 해도 나는 먹는 음식에 대해 그다지 관심이 없었다. 그저 배꼽시계가 울면 먹고 배부르다는 신호가 오면 멈추는, 그야말로 본능에만 충실한 삶을 살아왔다. 건강에 좋은 음식을 챙겨 먹는다거나 맛집을 찾아다니는 일은 생각조차 하지 않았다. 혀끝의 쾌감을 위해 몇 시간씩 투자하는 이들을 이해하지 못했고, 그 시간을 다른 일에 투자하는 게 훨씬 낫다고 생각했다. 나에게 음식이란 배고픔을 달래주는 수단일 뿐 그 이상도 그 이하도 아니었다.

그러다 농산물 유통과 식품 분야 기자로 현장을 뛰면서 식품을 대하는 마음가짐이 달라졌다. 소비자들이 의외로 식품에 대해 잘못 아는 내용이 많고, 알더라도 어설프게 알고 있어 올바른 정보 공유가 절실하다고 느꼈다. 30여 년간 식품과 별 소통 없이 지낸 나도 예외는 아니었다. 새롭고 다양한 정보를 접하면서 식습관이 인생을 바꿀 수 있다는 것을 깨달았다. 현장에서 알게 된 정보를 독자와 공유하면 좋겠다는 생각에 건강과 식품 관련 책과 방송을 챙겨 봤다. 알찬 정보를 하나라도 더 나누고 싶은 욕심에서였다. 그러면서 음식에 대한 존경심이 생겼고, 마침내 기회가 왔다. 이름 석 자를 내건 '식품이야기' 코너를 맡게 된 것이다.

기사 연재를 통해 얻은 가장 큰 성과라면 나 자신의 음식관이다. 오늘 내가 먹는 이 음식이 얼마나 소중하고 중요한지를, 그리고 내가 선택한 음식이 가족의 건강을 결정한다는 사실을 알게 됐다. 게다가 아이들은 부모의 식습관을 그대로 닮아간다. 결국 가정의 밥상이 바로 서야 가족 모두가 건강하고, 가정의 밥상이 바로 서려면 주부가 음식에 대한 바른 철학을 가지고 있어야 한다. 신선하고 좋은 식재료를 잘 골라 소박한 밥상을 차려내는 일이야말로 가정의 건강과 행복의 밑거름이라는 것을 알게 된 것이다.

❖

이 책은 〈농민신문〉에 2008년 4월부터 2년 10개월 동안 '노현숙 기자의 알면 재미있는 식품이야기'라는 제목으로 연재했던 칼럼을 다시 정리하고 살을 보탠 것이다. 나의 작은 식습관의 변화를 좀 더 많은 이들과 나누고 싶은 마음에 책으로 엮었다. 이 책에는 꼭 챙겨 먹어야 할 식품과 잘못 알려진 식품 상식, 놓치기 아까운 정보, 밥상 속 궁금증, 식품에 얽힌 유래 등 우리가 몰랐던 식품 속의 비밀과 가족의 건강을 지키는 지혜를 담았다. 건강 비법은 거창하지도, 멀리 있지도 않다. 하루 세 끼 먹는 밥과 주변에서 쉽게 구할 수 있는 음식에 답이 있다. 비록 많이 부족하지만 이 책을 접한 독자들이 건강한 식습관을 갖고 아이들에게도 좋은 습관을 물려주는 데 조금이나마 보탬이 됐으면 하는 바람이다.

❖

이 책이 나오기까지 정말 많은 분이 도움을 주셨다. 신문사 선후배들의 격려와 조언이 없었다면 이 책이 세상에 빛을 보기는 어려웠을 것이다. 책의 구성과 편집에 대해 큰 관심을 갖고 도움을 주신 정길우 부장님, 좋은 사진을 찾고 촬영하는 데 시간과 정성을 쏟아주신 이인아 차장님, 책 제목에 아이디어를 주신 한형수 부장님, 그리고 야식을 챙겨 준 강지훈 기자에게 진심으로 감사드린다.

책을 완성하기까지 옆에서 응원하고 격려해준 남편과 원고 정리로 수개월간 주말에도 출근하느라 함께 시간을 보내지 못했던 사랑하는 진규와 인규, 늘 든든한 버팀목이자 지원자가 돼주시는 어머니와 시부모님께도 고마운 마음을 전하고 싶다.

2013년 5월 노현숙

2

3

5

4

8

먹는 즐거움이 꽃 피는 밥상

밥상 위에 올라온 과학

10

이야기가 넘치는 유쾌한 밥상

9

1

야하게 먹자

내가 먹는 것은 살기 위함이고,
내가 먹는 음식은 건강을 유지하는
밑거름이다.
오늘부터 거칠지만
화려한 밥상을 차리자.

거친 음식으로 밥상을 차리자

'까도남' '차도남' '버럭남'….

여자들은 부드럽고 착한 남자보다 차갑고 까칠하면서 거친 남자에게 더 호감을 느낀다. 드라마 '꽃보다 남자'의 이민호나 '시크릿가든'의 현빈, '최고의 사랑'의 차승원은 여심을 마구 흔들어 놓은, 하나같이 거칠고 나쁜 남자였다. 여자들이 나쁜 남자에게 끌리는 이유는 제멋대로 행동하는 야생의 아름다움이 살아 있기 때문이 아닐까 싶다.

사람에게 '거친 남자'가 있다면 먹을거리에는 '거친 음식'이 있다. 거친 음식 하면 보통 현미처럼 도정하지 않은 곡물만을 떠올린다. 하지만 현미나 보리 등 도정하지 않은 곡물 외에 주변에서 쉽게 볼 수 있는 채소·콩·버섯·해조류 등도 거친 음식에 포함된다. 쉽게 말하면 덜 가공된, 제철에 난 우리 농산물로, 식재료 고유의 맛을 살린 음식이다. 옛날 우리 할머니, 할아버지께서 드신 음식이라고 생각하면 쉽다. 과거 넉넉하지 못하던 시절에 지겹게 먹던 음식들이 지금에 와서 따져 보면 우리 몸에 아주 좋은 건강식이었던 것이다. 거친 음식은 섬유소가 많아 씹기 힘들고 맛도 밋밋하다. 이미 부드럽고 감미로운 음식에 길들여져 있는 우리 입맛에는 맞지 않는다. 막상 식탁에 거친 음식이 올라오면 젓가락이 잘 가지 않는 이유일지 모른다. 그래도 건강을 지키려면 거친 음식을 먹어야 한다.

거친 음식은 생리활성물질이 많아 면역력을 높이고 활성산소를 없애 암이나 동맥경화·심장병 등 현대인들의 고질병을 예방하는 데 도움을 준다. 그냥 대충 씹으면 넘어가지 않아 꼭꼭 씹어야 하기 때문에 치아와 위장을 튼튼하게 해주는 것은 물론, 뇌에 자극을 줘 기억력과 집중력도 좋아지게 된다.

겉껍질을 완전히 벗겨낸 흰쌀이나 흰 밀가루에는 영양성분이 적다. 반면 현미나 보리·콩 등 통곡물에는 각종 생리활성물질과 무기질·비타민이 들어 있어 성인병을 막아주고 콜레스테롤 수치를 낮춰준다. 또 식이섬유가 많

- 신선한 재료로 조리과정을 짧고 단순하게 하자.
- 기름에 튀기기보다 삶거나 쪄서 혹은 생것으로 먹자.
- 화학조미료의 사용을 최소화하고 되도록 천연조미료를 이용하자.

아 천천히 소화되기 때문에 장에서 느리게 흡수되며, 인슐린도 서서히 분비
돼 혈당이 급격히 오르지 않는다. 흰쌀밥 대신 현미와 함께 다양한 잡곡으
로 지은 밥은 포만감이 오래가고 먹는 양도 줄어든다. 체중 조절에 도움이
됨은 물론이다.

우리의 식탁은 나날이 '더 부드러운 음식'들로 채워지고, 거칠고 딱딱한 음
식은 맛없다는 이유로 식탁에서 밀려나고 있다. 현대인이 비만·당뇨 등에
시달리는 것은 지금 우리가 먹는 음식과 깊은 관계가 있다. 이런 질병으로
부터 자유로워지려면 평소 거친 음식으로 균형 잡힌 식생활을 해야 한다.

흰쌀밥을 잡곡밥으로 바꾸는 것부터 시작하자. 하루아침에 흰쌀밥을 현
미밥·잡곡밥으로 바꾸기가 쉽지는 않다. 처음에는 한 가지 잡곡만이라도 섞
어서 먹어 보고, 적응이 되면 잡곡의 종류와 비율을 조금씩 늘려나가는 것
이 좋다.

제철식품은 자연이 준 **영양제**

마트에 장 보러 가니 때 이른 쑥·냉이가 눈에 들어왔다. 식탁에서만이라도 초록빛깔 봄내음을 맡아보자는 생각에 쑥을 집었다. 멸치 우려낸 물에 된장을 풀고 콩가루 묻힌 쑥을 넣고 국을 끓였다. '봄맛이 난다'는 칭찬을 한껏 기대했지만 "들에서 캔 쑥이 아니고 하우스에서 키운 것이라 맛과 향이 떨어진다"는 시큰둥한 답이 돌아왔다. 어릴 적 들에서 뜯은 작고 어린 쑥으로 끓인 향긋한 맛의 쑥국은 아니었다. 음식은 제철에 먹어야 제맛이 나는 법이다.

요즘엔 일 년 내내 싱싱한 채소와 과일을 맛볼 수 있다. 저장기술의 발달로 농산물을 제철이 아닌 때에도 먹을 수 있게 됐지만 보관기간이 길어지면 처음의 맛과 영양가가 그대로 유지되지는 않는다. 제철식품은 흙·공기·바람 등 자연의 기운이 가장 왕성할 때 그 기운을 듬뿍 먹고 자라기 때문에 최상의 맛과 영양소를 지니고 있다.

봄을 예로 들어보자. 혹독한 추위를 이겨내고 땅을 뚫고 나온 봄나물은 생명력이 넘친다. 밭고랑에서 자란 냉이, 나무에 새순을 돋운 두릅, 돌 틈에 옹기종기 모여 있는 돌나물…. 비타민과 무기질이 풍부한 봄나물은 신진대사를 원활하게 해주고 봄의 불청객 '춘곤증'을 쫓아준다.

여름에 나는 식물은 더위로 지친 몸을 식히고 수분을 보충해주는 성분이 많다. 여름을 대표하는 것은 과일이다. 여름 제철과일에는 수박·참외·복숭아·포도 등이 있다. 수분과 당분, 유기산이 풍부한 여름과일은 땀으로 배출된 체내 수분을 채워줄 뿐 아니라 갈증을 씻어준다. 수박은 수분함량이 90% 이상으로 목마름을 없애고 열을 식혀주는 데 그만이다. 새콤달콤한 자두와 복숭아는 잃어버린 입맛을 찾아준다. 당분이 많은 포도는 피로를 해소해준다.

가을은 오곡백과가 무르익는 시기다. 알차게 여문 곡식과 밤·

건강밥상 꾸러미
지역 특산품을 직거래하는
것이 아니라 인근 소농들이
생산하는 다양한 종류의 먹
을거리를 하나의 꾸러미에
담아 판매하는 것. 지역 소농들
에게 새 수입 창출원이 될 뿐 아
니라 지역과 밥상을 함께 살리는 로컬
푸드를 실천하기 위한 하나의 방법이다.

사과·배 등 과일이 풍성한 계절이다. 충분히 익은 사과를 먹으면 본래의 향
긋하고 달콤한 맛에 기분이 저절로 좋아진다. 배는 한입 베어 물면 달고 시
원한 과즙이 입안을 가득 채운다. 이처럼 제 계절에 나는 농산물은 자연의
이치에 따라 나름의 이유와 목적을 가지고 자란다. 그리고 그 계절을 이겨
내게 해주는 강력한 힘을 가지고 있어 우리가 섭취했을 때 천연약이나 다름
없다.

최근 농가에서 생산한 제철 농산물을 소비자 가정에 직접 배송해주는 '농
산물꾸러미사업'에 대한 관심이 높다. 농산물꾸러미는 농민들이 힘을 합쳐
안전한 먹을거리를 생산하고 이를 도시민에게 배송하는 농산물 유통방식이
다. 생산자와 소비자 간 직거래를 통해 생산자는 더 많은 이윤과 안정된 판
로를 확보하고, 소비자는 신선하고 안전한 농산물을 안정된 가격으로 믿고
살 수 있는 상생구조다.

지인 중 한 분도 1년 전부터 '꾸러미'로 장을 보고 있다. 철에 맞춰 생산된
채소에 유정란·두부·청국장과 같은 10여 가지로 구성된 농식품을 1주일에
한 번씩 받아보는데, 안심할 수 있고 편리하다고 한다. 시간에 쫓겨 장보기
가 어려운 주부들에겐 더욱 희소식이다. 제철 상품으로 구성돼 식재료 선택
을 고민할 필요가 없고, 평소 잘 사지 않던 농산물을 먹어볼 기회도 생기니
말이다.

통째로, 알뜰히 **다 먹자**

TV 건강프로그램에 소개되면서 관심을 불러일으킨 '마크로비오틱(Macrobiotic)'은 일본의 장수 건강법이다. '크다'는 뜻의 마크로(Macro)와 '생명'을 의미하는 바이오틱(biotic)이 합쳐진 말이다. 마크로비오틱은 '식품을 통째로 먹자'는 일물전체(一物全體)의 철학이 담겨 있다. 식재료를 예쁘게 깎고, 뿌리를 다듬어 버리는 것이 아니라 생긴 그대로 몸통부터 뿌리·잎·껍질까지 모두 다 먹자는 것이다. 그래야 식재료가 가진 에너지를 오롯이 받아들일 수 있기 때문이다. 마크로비오틱 식생활을 실천하는 사람들은 그래서 요리할 때 흔히 제거해 버리는 파 뿌리나 당근·오이 껍질도 깨끗하게 씻어 그대로 사용한다.

우리가 먹는 모든 식품은 자연에서 원료를 얻을 때의 상태로 섭취해야 영양균형이 최적이라고 한다. 그럼에도 우리는 식품을 섭취할 때 전체를 다 먹지 않고 일부만 먹는 경우가 많다. 대표적인 예가 '쌀'이다. 쌀에서 겉껍질만 벗겨낸 것이 현미다. 현미는 중요 영양성분이 들어 있는 쌀겨와 배아를 가지고 있어 백미보다 영양가치가 높고, 이를 모르는 사람은 거의 없다. 하지만 여전히 많은 사람들이 쌀겨와 배아를 깎아낸, 영양가 낮은 백미를 먹는다.

채소와 과일도 마찬가지다. 식물은 외부의 공격으로부터 끊임없이 자신을 방어하며 자란다. 햇빛과 해충의 공격을 늘 받는 식물에게도 강력한 방어무기가 있다. 바로 껍질이다. 사과·포도·감귤 등 과일 껍질에는 외부공격을 이겨낼 수 있는 각종 기능성 성분과 항산화제가 들어 있다.

사과 껍질에는 항암 및 노화방지 효과가 있는 플라보노이드가 풍부하다. 비타민C는 거의 대부분 사과 껍질 바로 밑 과육 부분에 있다. 포도의 경우 알의 주성분은 수분과 당분이다. 각종 비타민과 레스베라트롤·안토시아닌 등 몸에 좋은 성분은 껍질과

오는 채소반찬은 거들떠보지도 않고, 억지로 먹이려면 한바탕 전쟁을 치러야 한다. 각종 식품을 통해 아이들이 하루에 먹는 당분은 62g 정도다. 세계보건기구 권고치인 하루 50g을 훌쩍 넘어섰다. 각설탕으로 따지면 25개 분량이다. 이처럼 아이들이 먹는 대부분의 음식은 '설탕 범벅'이라고 해도 과언이 아니다. 날이 갈수록 비만아가 늘어나는 것은 당연한 결과다. 아이들의 비만은 결국 어른들의 책임이다. 아이들 음식은 어른들이 선택해서 먹이기 때문이다.

비만을 국가적인 재난으로 여기는 미국은 대통령 부인(미셸 오바마)이 나서 건강한 식습관의 중요성을 알리고 있다. 백악관 정원 한쪽 텃밭에 친환경채소를 기르며 아이들에게 직접 키운 채소를 먹이자고 하고 있다. 미국 학교에서도 옥상에 텃밭을 만들어 아이들이 채소를 키우고 수확해 직접 요리하는 교육과정을 실행하고 있다. 프랑스에서는 아이들에게 다양한 맛의 체험을 통해 올바른 식습관을 갖도록 '미각교육'을 하고 있다. 입맛이 형성되는 시기에 다양한 음식을 접하고, 가공하지 않은 식재료 본래의 맛을 경험으로 기억하게 하는 것이다.

몸에 좋은 약은 입에 쓰다. 단맛에 익숙한 식습관은 뇌와 지능 발달에 악영향을 준다. 비만·당뇨와 같은 현대인의 질병에서 벗어나려면 쓴맛과 친해야 한다. 우리 아이들에게는 단맛에 '악마의 유혹'이 있다는 사실을 알려주자.

맛의 정체

혀 표면에 조그마한 돌기의 유두가 수없이 돋아나 있다. 이 속에 맛을 감지하는 말초기관인 맛봉오리가 있다. 맛은 혀 전체에서 느끼는 것이다. 과거 생물 교과서에 혀 위치에 따라 감지할 수 있는 맛을 분류한 것은 잘못된 상식이라고 한다.

못생긴 과일과 채소를 먹자

　　요즘은 대형마트마다 친환경농산물 코너를 따로 마련해 두고 있다. 안전한 농식품에 대한 구매욕구로 유기농을 포함한 친환경농산물을 찾는 소비자들도 늘고 있다. 2011년 통계청 조사에 따르면 성인 10명 중 6명은 친환경농산물을 구입할 의사가 있는 것으로 나타났다. 소득이 높을수록 친환경농산물을 구매하려고 노력하는 비율도 높았다. 2007년부터 5년간 유기농을 포함한 친환경농산물 시장은 해마다 13%씩, 유기농산물 시장은 30%씩 꾸준히 성장해왔다. 2020년에는 친환경농산물 시장이 전체 농산물 시장의 20%를 차지할 전망이다.

　　소비자들이 유기농에 대해 기대하는 것은 안전하고, 건강하며, 환경에도 좋은 먹을거리라는 것이다. 여기서 말하는 '안전'은 농약과 화학비료의 위험으로부터 벗어나고 싶다는 뜻이다. 그래서인지 유기농산물을 선택하는 사람들이 늘고 있다. 다만 '비싼 가격'(71.3%)과 '신뢰성'(50.7%), '구별의 어려움'(32.7%) 등은 친환경농산물 구매의 어려움으로 꼽혔다.

　　유기농이란 것이 특별난 게 아니다. 우리 조상들이 오래전에 농약과 비료를 사용하지 않고 농산물을 재배하던 농법이다. 풀을 베어 만든 퇴비나 가축분뇨를 뿌려 농작물을 재배해 온 전통방식이다. 일반적으로 유기농산물을 친환경농산물의 통칭으로 부른다. 하지만 유기농은 친환경농산물의 한 종류이다.

　　친환경농산물은 저농약농산물·무농약농산물·유기농산물 3종류다. 저농약농산물은 농약과 화학비료를 권장량의 2분의 1 이하로 사용한다. 무농약농산물은 농약은 사용하지 않고 화학비료를 권장량의 3분의 1 이하로 쓴 것이다. 유기농산물은 농약과 화학비료를 전혀 살포하지 않고 기른 것이다. 유기농이라고 해서 농약이 전혀 없는 것은 아니다. 옆집에서 뿌린 농약이 비로 흘러들어와 토양을 오염시킬 수도 있고, 전에 사용했던 농약이 흙에 남

아 있을 수도 있다. 그래서 농작물의 농약성분이 일반농산물의 20분의 1 이하로 검출될 때는 유기농으로 인정한다.

유기농업은 생산자 입장에선 생산량 감소라는 부담을 떠안게 된다. 농약 살포를 하지 않다 보니 병해충 피해가 늘어나고 잡초를 뽑아야 하는 수고로움도 생긴다. 그래서 값이 비싼 것이다. 소비자들은 농산물을 구입할 때 못생긴 것은 외면하고, 모양이 예쁘고 흠집이 없어 보기 좋은 것만 고른다. 농약과 화학비료를 쓰지 않고 재배한 유기농산물은 벌레 먹은 자국이 있기도 하고, 퇴비의 영향으로 잎이 두껍고 억세다. 자연 상태로 키우다 보니 크기와 모양도 제각각이다. 소비자들이 이런 농산물이 건강에 더 유익하다는 인식을 가져야 유기농의 진정한 가치가 지켜질 수 있다.

유기농산물은 농약을 뿌리지 않아 벌레가 있을 수 있고, 미생물의 오염 가능성을 배제할 수 없다. 따라서 흐르는 물에 깨끗이 씻어 먹는 게 안전하다. 또 한꺼번에 많이 사서 냉장고에 넣어두지 말고 필요한 만큼 조금씩 구입해 먹는 것이 좋다. 유기농업의 원칙은 생산량을 최대한으로 늘리려는 일반농업과는 다르다. 농업생태계의 건강 증진과 생물종의 다양성 유지, 생태순환을 위한 농업으로 자연과 사람이 조화를 이루며 함께 건강하게 살아가는 방법인 것이다.

행복과 건강을 부르는 '느린 음식'

'빨리빨리'를 외치며 시간에 쫓겨 살아가는 현대인에게 음식을 만들고 먹는 시간을 줄여주는 패스트푸드는 매력덩어리다. '남보다 빨라야 살아남는다'는 조급증은 사람들을 김치·된장과 같은 슬로푸드(Slow Food)는 멀리, 햄버거·피자·치킨 등의 패스트푸드는 가까이하게 만들었다. 패스트푸드는 짧은 시간에 맛있게 조리하기 위해 대부분 기름에 튀겨낸다. 다른 음식에 비해 지방과 나트륨 함량이 높다. 지속적인 패스트푸드 섭취는 비만·영양 불균형·질병이라는 재앙을 불러왔고, 우리 건강에도 적신호가 켜졌다.

불과 몇십년 전만 해도 우리 밥상은 보리밥·김치·나물·된장국 위주로 아주 소박했다. 시대가 변하고 속도경쟁에 내몰리면서 지금은 완전히 달라졌다. 잡곡밥은 흰쌀밥으로, 제철채소로 만든 반찬은 가공식품과 간편 조리식품으로 대체됐다. 이 같은 식생활의 변화로 아이들의 비만율이 높아졌다. 최근 교육부 자료에 따르면 우리나라 초등생의 비만율은 14%로 학년이 올라갈수록 정도가 심한 것으로 나타났다. 과거 성인병이라 불렸던 당뇨· 고혈압 등의 질병이 자라나는 아이들에게서도 꾸준히 늘고 있다.

세계는 지금 패스트푸드의 위험성을 경고하며 슬로푸드 운동을 하고 있다. 슬로푸드는 패스트푸드의 반대말이다. 슬로푸드 운동이 시작된 것은 1986년 이탈리아 로마에 패스트푸드의 대명사인 맥도날드가 들어서는 것을 반대하면서부터다. 현재 국제슬로푸드운동 회장인 카를로 페트리니는 '맛을 표준화하고 이탈리아의 전통음식 문화를 파괴하는 패스트푸드에 맞서 전통음식을 보존하자'는 기치를 내걸었다. 슬로푸드 운동은 제철에 생산된 신선한 식재료를 천천히 조리하거나 숙성시켜 맛을 낸 음식을 천천히 음미하며 먹자는 식생활 운동이다. 그 속에는 전통음식을 지키고 우리 고유의 입맛을 찾자는 신토불이 정신이 담겨 있다.

깊이 우려내고 오래 기다리는 자연발효를 근간으로 하는 우리 전통음식은 슬로푸드다. 메주로 만든 된장과 간장을 비롯해 김치·젓갈·술 등은 오랜 시간 발효와 숙성과정을 거쳐야 맛볼 수 있는 진정한 슬로푸드다. 밥과 여러 가지 반찬이 어우러진 한식은 세계가 인정한 건강식이다. 한식의 중심인 밥은 맛이 강하지 않아 여러 반찬과 잘 어울리며 영양적으로도 균형이 잘 맞는다. 또 비만과 각종 성인병, 만성질환뿐 아니라 정신건강까지도 지켜준다.

하지만 요즘 우리 아이들은 김치·된장·청국장 등을 좋아하지 않는다. 아이들이 이런 전통음식을 충분히 경험하지 않아 그 맛을 잘 모르기 때문이다. 슬로푸드가 아무리 건강에 좋다고 해도 맛있다고 느끼지 않으면 찾지 않게 된다. 그래서 어릴 때부터 아이들에게 다양한 음식을 접하게 해 고유의 맛을 알고, 그 맛에 길들도록 만들어야 한다. 먹을거리 교육을 통해 농산물이 어떻게 자라는지는 물론 먹는 방법까지 가르쳐야 한다. 그러면 자연스럽게 우리 전통음식에 대한 자부심과 친근감을 갖게 된다.

시간을 들여 정성스럽게 음식을 차리고 천천히 맛을 음미하며 먹는 슬로푸드는 삶의 여유뿐만 아니라 우리 입맛과 건강을 지켜준다. 더불어 바쁘게만 살아가는 우리에게 기다림과 느림의 기쁨이 얼마나 소중하고 큰지를 알려준다. 오늘부터라도 식탁의 시간을 과거로 돌려놓자.

최소 식사시간

보통 음식을 먹고 포만감을 느끼기까지는 20~30분이 걸린다. 이보다 식사를 빨리하면 할수록 음식을 많이 먹고 나서야 배부름을 느끼게 된다. 음식을 천천히 먹으면 포만중추가 활성화될 시간을 벌기 때문에 과식을 막을 수 있다.

밥상에 **무지개**를 띄우자 I - **빨간색** 식품

빨간 토마토, 보라색 포도, 검은색 콩, 노란 귤…. 다양한 색깔 음식이 건강에 좋다는 것은 이제 상식이 됐다. 미국에서는 이미 1990년대부터 하루에 채소와 과일을 다섯 접시(400g) 먹자는 운동(Five a Day)이 펼쳐져왔다. 이후 각종 성인병의 발병률이 낮아졌다고 보고되면서 색깔 음식(컬러푸드)에 대한 세계인의 관심이 높아졌다. 우리나라에서도 하루 3번, 6가지 이상의 채소와 과일을 5가지 색깔에 맞춰 먹자는 캠페인을 벌이고 있다.

색깔 음식이 우리 몸에 좋은 이유는 피토케미컬(식물생리활성물질) 때문이다. 이 성분은 식물이 비·바람·자외선·세균·바이러스 등의 침입에 자신을 보호하기 위해 만들어내는 물질로, 일종의 적과 맞서 싸우기 위한 무기다. 식물이 생장하고 열매를 맺으면서 장시간 햇빛에 견디면서 생성되는 영양소다.

채소와 과일의 천연색소인 피토케미컬은 색깔이 짙을수록 함량이 많다. 이왕 과일을 먹으려면 색이 짙고 화려한 것을 고르고 가급적 껍질째 먹는 것이 좋다. 피토케미컬은 우리 몸에 해로운 활성산소를 없애주는 항산화 성분으로 노화를 방지하고 면역력을 높여준다. 색깔에 따라 효능도 다르기 때문에 한 가지만 먹지 말고 골고루 섭취하는 것이 좋다.

먼저 정열을 상징하는 빨간색 식품은 항암 성분이 풍부하다. 식욕을 자극해 자꾸 먹고 싶게 만드는 마력이 있는 빨간색은 붉은 과일에 많이 들어 있다. 심혈관 질환을 막아주고 노화 억제, 암 예방에 도움을 준다. 대표적인 식품으로는 토마토·석류·사과·딸기·고추 등이 있다.

이 가운데 토마토는 남성을 위한 채소라 할 수 있다. 토마토의 라이코펜 성분이 전립선암을 막아주기 때문이다. 미국 하버드의대에서 남성 4만

8,000명을 대상으로 조사한 결과, 일주일에 10번 이상 토마토를 먹은 사람의 전립선암 발병률이 먹지 않은 사람보다 35%나 낮았다. 또한 칼로리는 낮은 반면 포만감을 느끼게 해 다이어트에도 그만이다.

토마토가 남성의 채소라면 석류는 여성을 위한 과일이다. 클레오파트라와 양귀비가 즐겨먹었다는 석류에는 에스트로겐이라는 성분이 들어 있다. 에스트로겐은 폐경기 전후 여성의 갱년기 증상을 완화하는 작용을 한다. 씨를 감싸고 있는 얇은 막에 특히 많다. 또 석류에는 콜라겐을 합성시키는 성분이 들어 있어 피부 미용과 주름 개선에도 도움이 된다.

사과도 빨간색 식품에 속한다. 사과의 속살보다는 껍질의 색깔 때문이다. 사과 껍질에는 퀘르세틴이라는 강력한 항산화 물질이 많아 암 예방과 암세포의 성장을 억제하는 데 효과가 있는 것으로 알려져 있다. 그래서 사과는 껍질을 벗기지 말고 잘 씻어 껍질째 먹는 게 좋다. 피로 해소와 피부 미용에 좋은 비타민C도 사과의 껍질과 껍질 바로 밑의 과육에 많이 들어 있다.

고추의 매운맛 성분인 캡사이신은 활성산소를 없애는 항산화 작용으로 암을 예방하고 암전이를 억제하는 효능이 있다. 캡사이신은 몸속 지방을 연소시켜 다이어트에 효과적이며 소화력을 높여준다. 캡사이신은 껍질에도 있지만 대부분은 고추씨가 붙어 있는 흰 부분에 몰려 있다.

한국인이 가장 많이 먹는 색깔 음식은?
우리 밥상에 가장 많이 오르는 채소와 과일은 마늘·무·양파 등 흰색 식품으로 32.9%가 기준 이상 섭취한 것으로 조사됐다. 그 다음으로 노란색·주황색(29.2%), 보라색(12.6%), 녹색(8.6%), 빨간색(7.4%) 순이었다. ※자료 : 한국보건산업진흥원과 숙명여대 연구팀의 '한국인의 채소·과일 섭취 실태' 분석

밥상에 **무지개**를 띄우자 II - **노란색·녹색** 식품

몇 년 전 신종플루가 지구촌 전체를 공포에 떨게 했다. 그때 신종플루와 함께 등장한 단어가 면역력이다. 면역력이 높은 사람은 신종플루에 걸려도 감기를 앓은 듯이 지나갔지만 면역력이 약한 사람은 목숨을 잃기도 했다. 이처럼 바이러스에 맞서 싸울 수 있는 무기가 면역력이다.

색깔 음식 중 노란색 식품은 우리 몸의 기초를 튼튼하게 해주는 지킴이라 할 수 있다. 피토케미컬 중 가장 강한 질병 예방제인 카로티노이드가 풍부하게 들어 있다. 카로티노이드 성분은 항암 효과를 비롯해 체내 유해산소를 없애주고 노화를 방지하는 역할을 한다. 대표적인 음식에는 당근·감귤류·호박·카레 등이 있다. 당근에는 카로티노이드의 일종인 베타카로틴이 풍부하다. 베타카로틴은 색이 진할수록 함량이 높고, 우리 몸 안에 들어가면 눈 건강에 유익한 비타민 A로 바뀐다. 당근의 베타카로틴을 많이 섭취하려면 생으로 먹기보다 기름에 볶아 먹는 게 좋다. 베타카로틴은 지용성으로 기름과 함께 조리하면 체내 흡수율이 높아진다. 호박 역시 베타카로틴이 많이 들어 있다.

감귤류의 주황색 성분인 플라보노이드는 모세혈관을 튼튼하게 하고 해로운 세포의 증식을 막아준다. 독특한 향이 강한 카레도 노란색 식품이다. 카레는 강황·후추·생강 등 20여 가지의 향신료를 섞어 만든 음식이다. 카레의 주원료인 강황에는 커큐민이라는 물질이 들어 있는데, 커큐민은 몸속의 활성산소를 제거하는 항산화 능력이 뛰어나다. 인도에서는 강황이 만병통치약으로 통한다.

색깔 음식 중 자연의 색에 가장 가까운 것이 녹색이다. 녹색을 보면 눈과 마음이 안정을 찾듯 녹색 음식을 먹으면 스트레스와 근육의 긴장이 풀린다.

녹색 식품에는 엽록소와 카테킨 등이 들어 있는데, 대표적인 식품으로 시금 치·녹차·브로콜리·참다래 등을 꼽을 수 있다.

시금치는 채소 중 비타민A가 가장 많다. 비타민A는 눈 건강을 돕는 성분 으로 줄기보다는 잎에 많다. 또 엽산이 풍부해 두뇌를 활성화하고 치매를 예 방해준다. 녹차의 대표적인 식물 영양소는 카테킨이다. 녹차의 떫은맛 성분 인 카테킨은 항산화 성분인 폴리페놀의 일종으로 혈중 콜레스테롤 수치를 낮춰주고 심장병과 암을 막아주는 효과가 있다.

미국 국립암연구소가 꼽은 최고의 항암 식품은 브로콜리다. 브로콜리에 들어 있는 설포라판은 암과 싸우는 효소를 활성화한다. 설포라판은 브로콜 리보다 브로콜리 싹에 더 많이 들어 있다. 브로콜리의 설포라판은 끓이거나 오래 삶으면 상당량이 파괴되기 때문에 살짝 데치거나 기름에 볶아 먹는 게 좋다. 보통 브로콜리를 요리할 때 줄기는 버리는데, 줄기에도 꽃봉오리 이 상으로 많은 영양소가 있어 같이 먹는 게 유익하다.

참다래는 비타민C의 함량이 가장 높은 과일이다. 비타민C는 피로를 해소 하고 멜라닌 색소의 침착을 막아줘 피부 미용에 좋다. 고기를 먹고 난 후 후 식으로 참다래를 권하는 것은 단백질 분해 효소(액티니딘)가 들어 있어 소 화를 도와주기 때문이다.

효과 만점 녹차 음용법

티백은 70℃ 내외의 물에 20~30초, 잎차는 80℃ 물에 3g을 넣고 2~3분간 우려내는 게 가장 좋다. 찻물 색이 연한 노란색을 띌 정도가 적당하다. 아깝다는 생각에 너무 오 래 우리면 쓴맛이 진해지고 카페인 양도 늘어난다. 녹차의 항산화 효과를 얻으려면 하 루 3번 이상, 4~5시간 간격으로 마시는 게 좋다.

밥상에 **무지개**를 띄우자Ⅲ- **검은색·흰색** 식품

흰색과 검은색, 이 두 색은 서로 대립을 상징한다. 빛과 어둠, 희망과 절망, 선과 악…. 흰색이 검은색보다 좋은 이미지를 갖는다. 식품 세계에서도 통하냐 하면 그건 아니다. 검은색 식품이 흰색 식품에 결코 밀리지 않는다. 검은색 식품이 수년 전 우리 식탁에 '검은 돌풍'을 일으키며 큰 인기를 끌었다. 검은색에는 노화 방지뿐 아니라 항암 효과가 뛰어난 안토시아닌 색소가 들어 있다. 수명이 길어지면서 몸의 시계를 늦추고 싶은 것이 우리 모두의 희망이 되면서 검은색 식품의 인기는 여전하다.

검은색 식품은 한마디로 노화를 막는 파수꾼이다. 검은깨·검은콩·포도·블루베리 등이 대표적이다. 검은깨는 비타민E가 풍부해 피부를 윤기 있게 하고 젊음을 유지하는 데 도움을 준다. 흰머리를 검게 하고, 머리카락이 빠지는 것을 막아줘 탈모 예방식품으로도 꼽힌다. 또 일반 깨보다 셀레늄·토코페롤 등 항산화 성분이 풍부하다. 검은콩은 비타민B군이 다량 함유돼 있다. 이소플라본은 일반 콩보다 4배 이상 많다. 이소플라본은 체내에 흡수되면 여성호르몬인 에스트로겐과 비슷한 역할을 해 '식물성 여성호르몬'이라 부른다.

블루베리는 요즘 뜨는 '슈퍼 식품'이다. 블루베리는 다른 과일보다 안토시아닌 함량이 높고 눈 건강에 좋다. 또한 나쁜 콜레스테롤 등 노폐물의 배출을 도와 심혈관 건강에도 도움을 준다. 포도는 레스베라트롤 등의 항산화 성분이 풍부해 활성산소의 공격으로부터 우리 몸을 지켜준다.

검은색이 노화를 막는 지킴이라면 흰색은 몸의 활력 공급원이다. 흰색 식품에는 알리신·퀘르세틴 등이 들어 있다. 이들은 세균과 바이러스에 대한 저항력을 길러주고 혈중 콜레스테롤 수치를 낮춰준다. 흰색 식품은 우리 몸

배를 중탕하면 좋은 이유

배 안에 들어있는 폴리페놀(항산화 성분)을 더 많이 섭취할 수 있다. 중탕한 배즙은 색이 변하지 않지만 갈아 만든 배즙은 갈색으로 변한다. 폴리페놀이 공기 중의 산소와 만나 산화되기 때문인데, 갈변이 많이 될수록 폴리페놀의 산화가 심화된 것이다. 따라서 배를 중탕하면 껍질과 과육에 있는 폴레페놀을 안전하게 더 많이먹을 수 있다.

에 활력을 공급해준다. 양배추·배·마늘·양파 등이 이에 속한다. 양념에서 빠지지 않는 것이 마늘이다. 마늘의 매운맛 성분인 알리신은 신진대사를 왕성하게 도와주고 항균·살균 작용도 뛰어나다. 자극적이라 생마늘은 하루 1쪽, 익힌 마늘은 2~3쪽 섭취하는 게 적당하다.

양파는 고혈압·동맥경화 등의 성인병 예방에 좋은 식품이다. 양파의 퀘르세틴은 모세혈관을 튼튼하게 하고 혈액순환을 원활하게 해준다.

'가난한 자들의 의사'라고 불릴 정도로 값이 싸면서 건강에 이로운 양배추. 양배추는 항궤양 효과가 있는 비타민U와 무기질 등이 풍부해 만성위염이나 위궤양 개선과 예방에 좋다. 양배추에 들어 있는 비타민U는 열에 약해 가급적 날로 먹는 것이 좋다. 설포라판 성분은 위암 발생의 주요 인자로 알려진 헬리코박터균을 억제하기도 한다.

배에 들어 있는 루테올린은 다른 과일에서는 발견하기 힘든 성분으로 기관지 점막이 수축되는 것을 막아 천식과 기관지 질환 완화에 도움이 된다. 항산화와 면역력에 도움을 주는 폴리페놀은 배 껍질에 특히 많다. 또 배 100g에는 칼륨이 171㎎이나 들어 있어 체내의 나트륨을 배출시켜 고혈압을 예방해준다.

2

소박한 밥상이
심신을 깨운다

아침은 하루를 시작하는
중요한 에너지원이다.
아침을 챙기는
부모의 식습관을 아이들은
그대로 닮아간다.

아침밥을 챙겨라

"아침은 황제처럼, 점심은 평민처럼, 저녁은 거지처럼 먹어라" 하는 말이 있다. 하루 세끼 중에서 아침밥이 가장 중요하다는 뜻이다. 시간이 없다고, 입맛이 없다고, 먹는 게 귀찮다고 아침밥을 거르는 것은 이만저만 손해가 아니다. 어린이와 청소년들에게는 더 그렇다.

아침식사는 영어로 'breakfast'. '단식(fast)을 깨다(break)'라는 의미다. 잠자는 동안에도 뇌는 쉬지 않고 일하기 때문에 우리 몸에서는 에너지가 계속해서 소비되고 아침이 되면 고갈된다. 아침에 뇌세포를 원활하게 활동하게 하려면 식사를 통해 에너지를 공급해야 한다. 아침 식사가 중요한 이유다.

아침밥이 학생들의 학업에 도움을 준다는 사실은 이미 많이 알려져 있다. 오전의 에너지 공급이 두뇌 회전을 도와 집중력과 학습 능력에 긍정적인 효과를 가져다 준다는 연구 결과들은 여럿 소개됐다.

2009년 미국에서 1,060만 명을 대상으로 학교 아침 급식 프로그램을 운영한 결과, 학교에서 아침 급식을 먹은 학생이 그렇지 않은 학생에 비해 수학 성적과 읽기 능력, 기억력 등이 향상되고 시험 성적 또한 좋았다. 반면 결석과 지각은 적었다.

2002년 국내에서도 비슷한 연구 결과가 있었다. 농촌진흥청이 대학생 3,612명을 대상으로 아침 식사와 수능 성적 간의 관계를 조사했더니, 매일 아침밥을 먹은 학생의 수능 점수가 아침밥을 먹지 않은 학생에 비해 평균 20점가량 높았다. 학생들의 학업 성취도를 높이는 힘이 아침밥에서 나온다고 해도 과언이 아닌 것이다.

아침을 거르면 전날 저녁 이후부터 점심까지 공복 상태가 지속돼 혈액 속 포도당 수치가 낮아진다. 두뇌 활동에 필요한 에너지원인 포도당이 부족하면 그만큼 두뇌 활동이 느려져 집중력·기억력·이해력·문제해결 능력 등 학습 능력이 떨어진다. 그래서 전문가들은 두뇌회전과 학업 능력 향상 그리고

아침밥 결식률

우리나라 국민 10명 중 2명은 아침을 먹지 않는다. 2010년 국민건강영양조사에 따르면 아침밥 결식률은 21.3%로 2009년의 20.6%보다 늘었다. 연령별로는 20대가 40.3%로 가장 높았고, 10대가 29.3%, 30~40대가 24.2%였다. 성별로는 10~20대는 여성의 결식률이 남성보다 더 높았다. 반면 30~40대는 남성의 결식률이 높게 나타났다.

영양적인 면에서도 아침밥을 꼭 챙겨 먹으라고 하는 것이다.

아침밥을 먹지 않으면 비만이 될 확률이 높다는 연구 결과도 있다. 식사를 거르는 일이 반복되다 보면 우리 몸은 공복 때를 대비해 당이나 지방 등을 저장하려는 습성이 생긴다. 자연히 칼로리 소모를 줄이고 장기적으로 살이 찌게 되는 것이다. 언뜻 생각하기에 한 끼를 건너뛰면 체중 조절에 도움이 될 것 같지만 사실은 그렇지 않다. 아침밥을 먹는 어린이들은 점심과 저녁에 과식을 하지 않는다. 하루 두 끼를 먹는 사람과 세 끼를 먹는 사람의 하루 섭취량을 비교하면 두 끼를 먹는 사람이 오히려 더 많이 먹는 것으로 나타났다. 두 끼를 먹는 아이가 비만이 될 확률이 더 높은 것이다.

보건복지부에 따르면 어린이들이 아침을 먹지 않는 가장 큰 이유는 '늦잠을 자기 때문'(46.1%)이다. 그 다음은 '습관이 돼서'(18.8%), '시간이 없어서'(18.2%), '식욕이 없어서'(9.8%)의 순이었다. 늦게까지 학원 등에서 공부하는 시간이 많아지는 고학년이 될수록 아침밥을 먹지 않는 비율은 높아진다.

아침밥은 건강뿐 아니라 해마다 줄어드는 쌀 소비 문제를 해결하는 좋은 방법이 될 수 있다. 아침마다 밥 먹으라고 챙기는 엄마의 잔소리가 얼마나 가치 있는 것인지 잊지 말자.

과일과 친구하자

　　　　　　과일을 먹는 가장 좋은 방법은 깨끗이 씻어 껍질째 먹는 것이다. 하지만 많은 사람들이 껍질은 깎아버리고 과육만 먹는다. 그런데 과일 껍질에는 각종 비타민과 무기질, 기능성 물질 등 몸에 유익한 성분이 많이 함유돼 있다. 과일은 종류에 따라 영양소를 효과적으로 섭취하는 방법이 다르다.

　사과는 껍질을 벗기지 말고 통째로 먹는 것이 좋다. 주스로 갈아서 먹으면 비타민 등의 영양소가 파괴되고 식이섬유 대부분이 제거되기 때문이다. 또 사과의 비타민C는 껍질 바로 밑 속살에 집중돼 있다. 농약 걱정에 껍질을 두껍게 깎아 먹는 사람은 비타민C를 거의 섭취하지 못하게 된다.

　배도 과육과 껍질에 몸에 좋은 성분인 폴리페놀이 많다. 폴리페놀은 항산화 작용은 물론 면역력을 높이는 데 도움을 준다. 옛날부터 감기에 걸리거나 기침·가래·천식으로 고생할 때 배를 중탕해 먹어왔다. 실제 배에 열처리를 하면 폴리페놀 함량이 늘어난다. 배를 깎아 오래 놔두면 배의 폴리페놀이 공기 중의 산소와 만나 산화되면서 갈색으로 변한다. 따라서 배의 영양분을 최대한 섭취하려면 깎아서 바로 먹거나 통째로 끓여 먹는 게 좋다.

　'참외는 잘 먹어야 본전'이라는 말이 있다. 참외를 먹고 배탈 난 경험이 있는 사람은 참외씨와 씨가 붙어 있는 태좌를 제거하고 과육만 먹는다. 배탈의 원인이 씨에 있다고 생각하는데 그건 오해다. 수분이 찬 상태의 상한 참외, 일명 '물찬 참외'가 배탈의 원인이다. 참외 역시 과육보다는 태좌 부분에 비타민·엽산·폴리페놀 등 항산화 성분이 더 많다.

보다는 소금을 많이 넣어 담근다. 염도가 보통 3~4%로 일반 김치(2.5~3%)보다 높다. 그렇다면 김치의 영양이 최고조에 달하는 때는 언제일까. 배추를 3% 염도로 담가 5℃에서 2~3주간 숙성하면 산도(pH)가 0.6~0.8도, 수소이온농도(pH)가 4.2~4.4도가 된다. 이때가 새콤한 맛과 함께 씹을 때 아삭아삭한 느낌이 나 김치 맛이 제일 좋고 노화 억제, 항암 효과 등의 기능성도 가장 뛰어나다고 한다.

물론 묵은 김치를 찌개나 볶음·찜 등의 요리를 할 때 사용하면 깊은 맛과 시원한 맛을 느낄 수 있다. 오래됐다고 해서 몸에 해가 되는 것은 아니지만 건강이나 기능적 측면에서 보면 오래 숙성시킨 김치보다 적당히 숙성된 김치가 몸에 더 유익하다. 또 유산균은 70℃ 이상의 열에서는 죽기 때문에 찌개나 볶음 등으로 익혀 먹으면 건강 효과가 줄어들 수 있다. 김치는 생으로 먹는 것이 가장 좋다는 얘기다.

아쉽게도 우리의 김치 소비량은 해마다 줄고 있다. 식생활의 서구화로 1인당 연간 김치소비량이 2006년 34.4kg에서 2010년 27.4kg으로 줄었다. 집에서 김치를 담가 먹는 가구도 줄어들기는 마찬가지다.

김치의 유래

김치는 삼국 시대 이전부터 담갔다고 알려져 약 2,000년의 역사를 갖는다. 기록상으로는 고려 시대의 무를 이용한 김치가 많이 소개돼 있다. 김치라는 말은 소금에 채소를 절인다는 뜻의 침채(沈菜)에서 유래돼 딤채, 김치로 변했다고 한다. 지금과 같은 형태의 빨간 김치는 김치의 재료인 고추가 임진왜란 때 일본에서 들어온 만큼 역사가 200년가량 이라는 것이 정설이다.

보약에 버금가는 **청국장**

냄새로만 보면 정말 비호감이다. 뚝배기에 바글바글 끓이는 날은 난리가 난다. 온 집 안은 물론 동네까지 냄새로 꽉 차기 때문이다. 이 고약한 냄새 때문에 푸대접 받은 음식이 청국장이다. 그렇다면 요즘은 어떠냐. 정반대다. 청국장의 영양적 가치가 널리 알려지면서 예찬론이 펼쳐진다. 그 정도의 냄새는 기꺼이 감수하겠다는 분위기다. 우리의 전통 발효 식품 중 최고의 건강식품으로 꼽히는 청국장은 "매일 한 숟가락씩 먹으면 보약보다 낫다"고 할 정도다. 특히 식생활의 서구화로 각종 성인병에 노출돼 있는 현대인에게 있어 청국장은 더할 나위 없이 좋은 식품이다.

일반적으로 재래식 청국장은 콩을 삶아 이를 볏짚에 싸고 따뜻한 방에서 이불이나 담요를 덮어 2~3일 동안 숙성·발효시킨다. 이렇게 하면 볏짚 속의 바실러스균이 삶은 콩으로 이동해 콩이 갈색으로 진해지면서 끈적끈적한 하얀 실이 생긴다. 실이 많이 생길수록 좋은 청국장이다. 청국장이 냄새가 많이 나는 것은 공기 중 잡균에 노출돼 발효되기 때문이다. 6개월 이상 묵혀야 먹을 수 있는 된장과 달리 청국장은 2~3일 후면 먹을 수 있어 영양과 경제적인 면에서 아주 효율적인 발효 식품이다.

청국장이 영양상 부각되는 것은 콩 단백질의 80~90%가 체내에서 흡수된다는 점이다. 생콩을 그대로 먹을 경우엔 소화율이 50~70%밖에 안 된다.

청국장은 냄새가 고약한 대신에 기능성 물질이 많이 들어 있다. 발효 과정 중에 콩으로부터 분리돼 만들어지는 '제니스테인'이라는 물질은 암세포의 증식을 억제하고 죽이는 작용을 한다. 유방암·직장암·폐암·위암·전립선암 등에 효능이 있는 것으로 밝혀졌다. 청국장의 '멜라노이딘'이란 성분은 췌장에서 혈당을 조절하는 인슐린의 분비를 촉진시켜 당뇨병 예방과 치료에 도움을 준다.

청국장에 포함된 비타민E는 체내에서 지방이 산화되는 것을 막아 노화

청국장의 유래

청국장(淸麴醬)은 옛 고구려 영토인 만주 지방의 기마민족이 단백질을 쉽게 섭취하기 위해 말안장 밑에 삶은 콩을 넣고 다니며 먹은 데서 유래했다고 한다. 말의 체온으로 삶은 콩이 자연 발효돼 청국장이 됐다는 것. 또 청나라에서 전래돼 '청국장(淸國醬)'이란 설과 전쟁 중에 간단히 만들어 먹을 수 있는 장이라는 뜻의 '전국장(戰國醬)'이 청국장으로 와전됐다는 설도 있다.

를 방지해주는 효과가 있다. 발효된 콩을 젓가락으로 떠보면 끈적끈적한 실 같은 물질이 나온다. 이 물질의 정체는 면역력을 증강시키는 폴리글루탐산이다.

또한 청국장에 들어 있는 레시틴과 단백질 분해 효소는 혈관을 막는 혈전이나 콜레스테롤을 녹여주는 효과가 탁월해 심장병이나 뇌졸중을 예방해준다. 청국장은 또 엄청난 양의 유용한 균들이 장내에 들어가 유산균이 활발하게 작용하도록 도와 장을 튼튼하게 하고 배변이 잘 되도록 도와준다.

청국장은 불에 오래 가열하면 바실러스균 등의 유익한 균과 기능성이 줄어든다. 때문에 되도록 그냥 생으로 먹는 게 낫다. 국이나 찌개로 먹을 경우엔 끓이는 시간을 5분 이내로 하는 게 좋다. 남은 찌개를 다시 데워 먹으면 바실러스균이 계속 죽기 때문에 그 효과가 미미해진다.

우리의 청국장과 비슷한 것이 일본의 낫토다. 둘 다 콩을 발효시켜 만든 점에서는 같지만 제조나 먹는 방법은 다르다. 낫토는 삶은 콩에 낫토균만을 접종해 발효시킨 것으로 청국장에 비해 냄새가 적다. 청국장은 김치·두부 등을 썰어 넣고 끓여 먹는 반면 일본에서는 낫토를 생으로 먹거나 달걀과 함께 밥에 비벼 먹는다.

한국인의 힘, 마늘의 힘

음식을 만들 때 절대 빠지지 않고 들어가는 양념이 마늘이다. '마늘과 쑥의 힘으로 태어난' 국조 단군의 얘기가 나오는 단군신화에서 마늘을 빼면 앙꼬 없는 찐빵이다. 마늘은 냄새 한 가지만 빼고 백 가지 이로움이 있다 해서 '일해백리(一害百利)'라 부른다. 이 마늘은 현대 과학을 만나면서 진가가 드러났다. 미국 국립암연구소는 최고의 항암 식품으로 마늘을 꼽는다. 아시아뿐 아니라 미국·이탈리아 등 세계 각국에서 마늘을 이용하지만 우리처럼 생마늘을 먹는 나라는 없을 것이다. 그래서일까. 외국인들은 우리에게서 마늘 냄새가 많이 난다고 한다.

예로부터 마늘은 맛과 향이 강해 스님이나 과거를 준비하는 사람에게는 금기시됐다. 마늘을 날로 먹으면 분심(성을 버럭 내는 마음)이, 익혀 먹으면 음심(음탕한 마음)이 생긴다고 여겼기 때문이다. 실제 마늘에 들어 있는 알리신 성분은 신진대사를 원활하게 해줄 뿐 아니라 생식샘을 자극해 성호르몬의 분비를 촉진한다. 한방에서 대표적인 강정 식품으로 간주하는 이유다.

마늘의 주성분인 알리신은 암세포의 자연사를 유도하고 혈중 콜레스테롤 수치를 낮춰 심장병과 뇌졸중 예방에 효과적이다. 또 활성산소의 생성을 억제해 노화를 방지한다. 마늘 속 알리신은 페니실린보다 살균력이 더 강해 감기나 식중독, 피부병 질환의 치료와 피로해소에 도움이 된다. 알리신은 마늘을 찧고 10분 정도 지나면 가장 많이 만들어지고 열을 가하면 파괴된다. 마늘의 항균물질인 알리신을 충분히 섭취하려면 생마늘이나 장아찌 형태로 먹는 게 가장 좋다. 마늘을 물에 삶거나 프라이팬에 구우면 항균효과가 없어진다.

보통 마늘은 입맛이 없거나 피로를 잘 느끼고 혈액순환이 잘 안 되는 사람에게 좋다. 삼겹살을 구워 먹을 때면 마늘을 생으로 먹을지, 구워 먹을지 고

민한다. 마늘을 구우면 수용성 비타민B와 C가 줄어들긴 하지만 암을 막고 노화 방지에 효과가 있는 폴리페놀 등의 함량은 오히려 늘어난다. 마늘의 냄새와 매운맛은 황화아릴이라는 성분 때문인데, 황화아릴은 구우면 파괴돼 냄새와 맛이 부드러워진다. 그래서 마늘은 구우면 먹기가 한결 편하다.

건강식품인 마늘의 권장 섭취량이 정해져 있지는 않다. 많이 먹더라도 수용성 성분이 대부분 몸 밖으로 배출되기 때문에 별 부작용은 없다. 다만 생마늘의 경우는 위에 자극을 줄 수 있어 하루에 2~3쪽이 적당하다. 위가 약하거나 위장병이 있으면 생마늘은 피하는 게 좋다. 마늘 보충제의 경우 마늘가루는 성인을 기준으로 하루 한 숟가락, 마늘환은 10~15개, 마늘즙 등은 1포 정도가 무난하다.

요즘 흑마늘 음료와 진액 등 다양한 가공식품이 나오고 있다. 흑마늘은 생마늘을 구운 뒤 40~90℃에서 20여 일간 자연 숙성·발효시킨 것이다. 숙성 과정에서 냄새가 줄어들고 과당 함량이 늘어나 맛이 새콤달콤해 마늘을 기피하는 사람들도 별 부담 없이 먹을 수 있다. 흑마늘은 일반 마늘보다 활성산소를 제거하는 항산화력이 무려 10배나 높다고 한다. 암예방은 물론 콜레스테롤 저하, 심장병 예방 등의 기능도 일반 마늘에 비해 훨씬 높은 것으로 알려져 있다. 또 일반 마늘에 없는 안토시아닌 성분도 많다. 안토시아닌은 인슐린 생성량을 늘려 심장병과 암 등을 예방하는 데 효과가 있다.

마늘 조리법에 따른 콜레스테롤 제거 효과

마늘은 혈관에 혈전이 쌓이지 않게 도와주고 콜레스테롤 수치를 낮춰준다고 알려져 있다. 충남대 식품영양학과 김미리 교수팀이 고지혈증 쥐에게 생마늘, 익힌 마늘, 고온에서 구운 흑마늘, 마늘장아찌를 일정 기간 먹이고 관찰한 결과 콜레스테롤 수치가 모두 낮아졌다. 그중 생마늘이 가장 효과가 좋았지만 익힌 마늘·장아찌·흑마늘에서도 효과가 나타났다.

만인의 건강식품 두부

　　　　　초등학교 시절, 해가 질 무렵이면 어김없이 딸랑딸랑 종소리가 골목 안에 울려 퍼졌다. 장사꾼이 뭘 사라고 외치지는 않았지만 종소리가 나면 이 집 저 집에서 그릇을 들고 나와 두부를 사 갔다. 나 역시 종소리가 들리면 무슨 내기라도 하듯 잽싸게 달려 나가 제일 먼저 두부를 사 왔던 기억이 난다.

　두부는 웰빙에 잘 어울리는 식재료다. 지금은 두부의 가치가 동양뿐 아니라 서양에 널리 알려지면서 세계인들이 두부의 매력에 빠져 있다. 미국과 유럽에 현지인들이 경영하는 두부공장이 생겼는가 하면, 두부 요리만 전문으로 하는 식당도 등장했다. 〈뉴욕타임스〉는 두부를 '살찌지 않는 치즈'라고 예찬했다. 육류를 거부하는 채식주의자들은 두부를 동물성 단백질의 대안으로 삼고 있다.

　두부는 콩 단백질인 글리시닌을 물로 용해시켜 염류로 응고시킨 식품이다. 두부 100g에는 9.3g의 단백질이 함유돼 있다. 두부의 수분 함량이 82.8%이므로 전체 고형분(17.2%)의 반 이상이 단백질인 셈이다. 두부의 단백질은 우유나 달걀의 85~95%에 육박해 육류나 치즈의 대용품으로 손색이 없다. 콩과 두부의 단백질 함량은 콩을 100으로 봤을 때 두부는 72다. 하지만 소화 흡수율은 두부가 95%, 콩이 65%로 두부가 훨씬 높다.

　고단백 저칼로리 식품인 두부는 열량과 포화지방 함량이 낮아 건강하게 살을 빼는 데 좋다. 두부는 100g당 84kcal의 열량을 내는데, 이는 같은 무게의 쇠고기 등심 열량의 44%에 불과하다. 콩의 펩티드 성분은 기초대사 저하를 방지해 요요현상이 발생하지 않는 체질로 만들어준다. 다만 두부로 세끼를 모두

영화나 텔레비전 드라마에서 보면 교도소를 나온 출소자에게 으레 두부를 건넨다. 두부가 흰색이기 때문에 '다시는 죄짓지 말고 깨끗하게 살라'는 의미일 게다. 이 같은 상징성과 함께 영양학적으로도 의미가 있다. 과거 교도소에서 주는 식사는 양이 적고 영양도 부실했다. 두부의 수용성 성분은 체내 흡수가 잘되기 때문에 출소시 두부를 먹으면 약해진 체력을 빠른 시간 안에 회복할 수 있다.

대체하는 것은 바람직하지 않다. 두부에는 식이섬유가 풍부하게 들어 있어 변비를 막아준다. 식물성 에스트로겐이라고 불리는 '이소플라본'이라는 성분도 있다. 이 성분은 유방암 발생을 억제할 뿐 아니라 골다공증을 예방하는 효과도 있는 것으로 알려져 있다.

두부를 많이 섭취한 남성은 전립선 질환 예방 효과를 볼 수 있다. 남성의 경우 50대가 넘어가면 전립선이 비대화되는 경우가 있다. 이는 나이가 들면서 안드로겐이라는 물질이 많아지면서 문제가 되는 것인데, 두부의 이소플라본이 활성 안드로겐의 생성을 막아줘 전립선 비대를 방지해주는 역할을 한다.

노인들에게 두부는 소화흡수가 잘되는 훌륭한 단백질 공급원이다. 나이가 들면 치아가 부실해지고 소화 능력이 떨어져 육류 섭취가 힘들어진다. 효소 작용과 신진대사를 이루는 데 있어서 단백질 섭취가 중요한데, 노인들에게 두부는 고기 대용식으로 안성맞춤이다.

이처럼 두부는 연령에 상관없이 남녀노소 모두가 부담 없이 즐길 수 있는 영양만점 식품이다. 하루에 반 모 정도 먹으면 적당하다.

지방 섭취, 균형을 맞춰라

지방은 비만의 주범으로, 무조건 안 좋은 것으로 생각하는 사람들이 있다. 우리가 먹는 지방이 좋지 않은 게 많지만 그렇다고 나쁜 지방만 있는 것은 아니다. 좋은 지방도 있다. 지방은 생명의 연료로 우리 몸에 꼭 필요한 영양소이고, 신체의 20% 정도를 차지한다. 수치로만 보더라도 지방의 역할을 무시할 수 없다.

우리가 식품으로 먹는 지방은 포화지방과 불포화지방으로 나뉜다. 포화지방은 쇠고기·돼지고기 등 육류에 들어 있는 동물성 기름이다. 불포화지방은 참기름·들기름·올리브유 등의 식물성 기름이다. 하지만 식물성 기름 중에서 코코넛유·야자유·팜유는 포화지방이 많다. 반면 생선류에는 불포화지방이 많다.

포화지방은 우리 몸에 나쁜 콜레스테롤 수치를 높여 동맥경화·뇌졸중·심근경색 등 심혈관 질환을 유발한다. 반면 불포화지방은 좋은 콜레스테롤 수치를 높여 혈관 건강에 유익하다. 불포화지방은 오메가3·오메가6·오메가9지방산으로 나눈다. 이 중 오메가3와 오메가6지방산은 몸 안에서 만들어지지 않아 음식으로 먹어야 하는 '필수지방산'이다.

이 필수지방산을 섭취하는 데 있어 중요한 것은 양이 아니라 비율이다. 옛날 우리의 전통음식은 오메가6와 오메가3지방산의 비율이 1:1로 균형을 이뤘다. 하지만 식생활이 서구화되고 육류 섭취가 늘면서 우리의 지방산 비율은 평균 20:1로 균형이 심각하게 깨졌다. 오메가6지방산의 섭취는 엄청 늘고, 오메가3의 섭취는 크게 줄어든 것이다.

오메가6와 오메가3는 우리 몸의 세포막을 구성하는 성분이지만 성질은 정반대다. 오메가6는 지방을 축적하고, 오메가3는 지방을 분해한다. 건강을 위해 오메가6와 오메가3의 비율은 1:1이 가장 이상적이다. 최소 4:1은 유지해야 한다. 오메가6지방산을 많이 먹으면 지방세포가 늘고 세포의 노화가

촉진된다. 또 염증 반응이 일어나 다양한 질병의 원인이 된다.

육류나 달걀 등 지금 우리가 먹는 식품에는 오메가6지방산의 함량이 높다. 그 이유는 대부분의 가축이 곡물 사료인 옥수수를 먹기 때문이다. 옥수수는 오메가6와 오메가3의 구성 비율이 66:1이다. 1970년대 이후 전 세계 소·돼지·닭 등 가축의 먹이통에 옥수수가 채워지면서 우리도 모르는 사이에 오메가6지방산의 섭취가 늘었다. 옥수수를 먹은 동물의 고기나 유제품 등의 섭취를 통해 우리 몸 안에 옥수수 성분이 쌓인 것이다.

사육장 안에 두고 사료를 먹여 키운 가축과 달리 들판에서 풀을 먹여 키운 고기는 오메가6와 오메가3지방산의 비율이 2:1~4:1 이내로 균형을 이룬다.

따라서 우리는 오메가3지방산이 풍부한 식품의 섭취를 늘려야 한다. 고등어·꽁치 등의 등푸른 생선이나 들기름, 호두·땅콩 등의 견과류는 오메가3지방산의 좋은 공급원이다.

불포화지방산의 종류와 식품

오메가3계	EPA, DHA 알파리놀렌산	연어·참치·고등어·꽁치·청어 들기름·콩기름·견과류·녹황색 채소
오메가6계	리놀레산 감마리놀렌산	포도씨유·콩기름·옥수수유·참기름·해바라기씨유 달맞이꽃종자유
오메가9계	올레산	올리브유·카놀라유·참기름·땅콩기름

향신료들의 향연 **카레**

놀러 가서 한 끼 식사로 빼놓지 않고 해 먹는 음식이 라면과 카레다. 특히 맹물에 감자·양파·당근·고기를 썰어 넣고 끓인 후 카레가루를 넣어 만드는 카레라이스는 별 반찬 없이도 잘 넘어간다. 식사 대용으로 이용하는 카레가 세계 건강식품 반열에 당당히 올라섰다. 카레가 치매·암·성인병 예방은 물론 노화 방지 등에 탁월한 효과가 있다는 연구 결과가 발표되고 있기 때문이다. 2001년 미국의 신경학회지에 따르면 카레를 즐겨 먹는 인도인의 치매 발병률은 미국인의 4분의 1, 암 발병률은 7분의 1에 불과하다. 세계에서 치매 발병률이 가장 낮은 인도인의 건강 비결 바탕에 카레가 있다는 점은 눈여겨볼 만하다.

카레는 특정 식물의 잎이나 열매에서 얻는 성분이 아니다. 강황·정향·로즈메리·고추·후추·생강 등 20여 가지 향신료를 섞어서 만든 음식이다. 개인의 취향에 따라 여러 가지 향신료를 배합해 얼마든지 다양한 요리를 만들어낼 수 있다. 우리가 먹는 카레는 이런 향신료 중에서 몇 개만 골라 입맛에 맞춘 것으로, 엄밀히 말해 인도 정통 카레는 아니다.

기온이 높은 인도에서는 식품의 부패를 방지하기 위해 향신료를 많이 사용해 왔다. 그중에서도 카레의 주원료인 강황은 모든 음식에 빠지지 않고 들어간다. 인도에서 강황은 식재료를 넘어 만병통치약으로 통한다.

카레의 주원료인 강황에는 커큐민이라는 물질이 들어 있다. 카레가 노란색을 띠는 것은 커큐민 때문이다. 이 성분이 카레를 '황금 식품'으로 만든 일등공신이

카레의 유래와 보급

인도 요리인 카레는 인도를 식민지화한 영국을 통해 유럽으로 전파됐다. 일본에서는 메이지 시대에 영국에서 전해져 카레라이스가 국민식으로 불릴 정도로 인기다. 우리나라에는 일본식 카레가 1940년대에 들어왔고, 1970년대 이후 인스턴트 카레가루가 보급되면서 대중화됐다. '카레'의 정확한 발음은 '커리'다. 일본인들이 '카레'라고 하는 것을 우리가 그대로 부르고 있는 것이다.

다. 커큐민은 우리 몸속의 활성산소를 제거하는 항산화 능력이 뛰어나다. 활성산소는 매우 강한 독성을 가지고 있어 정상세포를 공격하고 유전자를 변형시켜 각종 질병과 노화의 원인이 된다.

또 커큐민의 강력한 항염증 작용은 대장암·피부암·전립선암 등 다양한 암의 발생까지도 막아준다. 특히 커큐민이 기억력을 높여주고 신경세포의 손상을 막아 치매 예방에 도움이 된다는 연구 결과가 발표됐다. 관절염과 치아 질환을 없애는 데도 효과가 있다. 카레에 들어가는 향신료들은 지방 분해 등 신진대사를 촉진시켜 살 빼는 데도 효과적이다.

강황의 커큐민은 지용성 성분으로, 우유나 기름과 같은 유지 성분에 넣고 익힐 경우 더 많이 나온다. 카레를 만들 때 물 대신 우유를 넣거나 채소를 기름에 볶으면 다양한 효능을 가진 커큐민의 성분을 효과적으로 섭취할 수 있다.

인도 카레는 우리처럼 갖가지 채소와 육류를 한데 넣어 만든 것이 아니다. 양고기나 닭고기 등 한 가지 재료에 10~20가지의 향신료를 조합해 만든다. 향이 강하고 매운 것이 특징이다. 우리가 먹는 카레는 일본식이다.

인도에서는 카레에 물을 넣지 않는다. 물 대신 땅콩을 곱게 갈아 넣은 우유와 체에 거른 토마토를 넣어 만든다. 다만 채소를 기름에 볶을 때는 올리브유를 사용하지 않는 게 좋다. 올리브유의 독특한 향이 카레의 향과 섞여 이상한 냄새가 나기 때문이다. 카레가 너무 짜게 됐을 때는 사과를 갈아 넣으면 사과의 단맛이 카레의 짠맛을 중화시켜 카레 맛이 더 좋아진다.

천연 면역제 **인삼**

어느 초복날 점심. 쏟아지는 비와 긴 행렬로 장사진을 이룬 인파를 뚫고 삼계탕을 먹었다. 물에 빠진 생쥐 꼴로 이렇게까지 닭을 먹어야 하나 싶었다. 꿀꿀한 기분도 잠시. 바글바글 끓는 삼계탕의 국물을 맛보는 순간 모든 게 용서됐다. 그제서야 줄을 서서 먹는 이유를 알 것 같았다. 삼계탕을 열심히 먹고 있는데, 옆에 앉은 동료가 한마디 한다. "인삼의 뇌두는 제거하고 먹어야 하고, 삼계탕에 든 인삼은 안 먹는 게 좋아." 그게 사실인지 아닌지 잘 몰라 동료의 말대로 인삼은 남겼다.

기력이 떨어졌을 때 한국인들이 가장 먼저 떠올리는 식품이 인삼이다. 각종 질병 예방과 치료에 효과적이라고 알려지면서 인삼은 대중적인 건강식품으로 자리 잡고 있다. 그런 만큼 인삼에 대한 속설이나 잘못된 정보를 갖고 있는 이들도 많다.

흔히 인삼은 열이 많은 사람은 피하는 게 좋다고 한다. 하지만 이는 잘못된 속설이다. 오히려 인삼은 체온을 일정하게 유지시키고 혈압을 조절해주는 효과가 있다. 인삼을 복용한 초기에는 오히려 체온이 내려가고 차츰 평균 체온으로 회복된다. 혈압이 낮은 경우는 높아지고 혈압이 높은 경우는 낮아져 신체 항상성을 유지해 준다. 인삼을 먹으면 열이 오르는 듯한 느낌을 받는데 이는 일시적인 현상이고, 체온은 정상 범위 안에 있다.

한방에서는 수삼(밭에서 갓 캐낸 인삼)이나 백삼(수삼을 씻어 껍질을 벗겨 말린 삼)의 뇌두를 먹으면 구토를 유발한다고 해서 섭취를 금하고 있다. '뇌두'로 불리는 인삼 꼭지에는 신경독성을 함유한 성분이 있다. 남기열 박사(전 KT&G 중앙연구원 인삼효능부장)는 "뇌두에는 유로톡신이라는 신경독성 성분이 아주 조금 들어 있어 수삼을 먹을 때는 떼는 게 좋다"면서 "하지만 이 독성 성분은 열에 약해 찌거나 끓이는 등의 열처리를 하거나 홍삼으

인삼의 재배 연수

인삼은 6년근을 최고로 친다. 인삼의 효능을 결정하는 데 가장 중요한 변수가 재배 연수다. 홍삼을 만들 때는 6년근의 성분이 가장 좋다. 식품으로 활용할 때는 4~5년근도 괜찮다. 삼계탕에는 1~3년근도 충분하다.

로 만들 때는 분해되기 때문에 잘라내지 않아도 된다"고 말했다.

일부 인삼 전문가들은 뇌두를 그냥 먹어도 된다고 한다. 뇌두를 먹고 구토 증상을 호소하는 사람이 거의 없고, 인삼의 유효 성분인 사포닌이 잔뿌리·뇌두 순으로 많이 들어 있어 먹는 게 낫다는 것이다.

삼계탕을 먹을 때 인삼을 빼고 먹는 사람들을 가끔 본다. 인삼이 닭의 독성을 빨아들이기 때문에 안 먹는 게 좋다고 하는데, 이는 잘못 알려진 것이다. 닭에는 독이 없는 데다 인삼에는 수용성 성분 외에 유용한 성분이 많으므로 삼계탕으로 끓인 인삼도 남기지 말고 먹는 게 건강에 이롭다.

인삼은 굵고 큰 것이 더 좋다고 아는데, 꼭 그렇지는 않다. 인삼의 사포닌 성분은 인삼 전체에 분포하지만 뿌리 부분에 더 많다. 잔뿌리가 많을수록 그 함량이 높다. 실제 약효 성분은 몸통이 좀 작더라도 잔뿌리가 많은 것이 더 풍부하다. 인삼은 생것으로 먹는 것보다 달여 먹는 것이 훨씬 건강에 좋다. 인삼을 달이면 암 예방효과를 가진 고기능성 사포닌 성분이 새로 생겨나고 그 양도 늘어난다. 그래서 홍삼을 추천하는 것이다.

인삼은 많이 먹을수록 좋다는 것도 낭설이다. 일정량 이상 먹으면 몸에 흡수되지 않고 소변으로 배출된다. 많이 먹는다고 해서 효과가 더 좋은 것은 아니다. 말린 인삼 기준으로 하루 섭취량은 소아 3g, 성인 6g이 적당하다. 백삼으로는 하루 1~3뿌리 정도 먹는 게 좋다.

3

입도 웃고
몸도 웃는다

봄나물은 춘곤증을 날리는 데 제격이다.
풋풋한 향기와 아삭아삭한 질감은
입맛을 돋우고
기분을 상쾌하게 만든다.

콩, 알콩달콩 영양만점

우주에서 파종해 수확까지 성공한 최초의 작물이 콩이다. 2002년 미항공우주국(NASA)은 특수 시트를 이용해 처음으로 콩의 씨앗을 심고 열매를 거뒀다. 우리나라 최초의 우주 실험에 사용된 11가지 씨앗에도 콩이 포함됐다. 오랫동안 동양의 음식이었던 콩은 세계에서 두 번째로 가장 많이 소비되는 작물이며, 세계 장수마을 밥상에도 빠지지 않는다. 콩이 건강에 좋다는 것은 이미 자자하지만 최근 콩을 많이 먹는 사람들의 여성 암 발병률이 낮다는 결과가 발표되면서 더욱 주목받고 있다.

콩은 단백질 함량이 높고, 특히 인체에 꼭 필요하나 체내에서 합성되지 않는 필수아미노산을 다량 함유하고 있다. 우리가 많이 먹는 노란 콩 100g의 단백질 함량은 36.2g. 콩을 '밭에서 나는 고기'라고 부르는 이유다. 콩 단백질은 육류 단백질과 달리 성인병을 유발하는 콜레스테롤이 없다. 지방도 대부분 포화지방산이 아닌 불포화지방산으로 혈관 벽에 끼어 있는 콜레스테롤을 없애주고 혈관 벽을 튼튼하게 해준다. 그래서 콜레스테롤 수치가 높거나 체지방 함량이 높은 사람에게는 육류 대신 콩을 권하는 것이다. 콩 단백질에는 라이신이 풍부해 쌀과 함께 먹으면 필수아미노산을 보충할 수 있어 좋다.

무엇보다 콩이 가장 각광받는 이유는 항암 효과 때문이다. 콩 성분 중 이소플라본은 암세포의 성장을 억제하고 유해산소를 없애주는 항산화 작용을 한다. 유방암뿐 아니라 폐암·부인암·대장암·전립선암 등의 발생을 막아주고 감소시킨다는 연구 보고도 잇따르고 있다. 최근 콩을 많이 섭취한 여성이 그렇지 않은 여성보다 자궁내막암은 30%, 난소암은 50%까지 발생 위험도가 낮아진다는 연구 결과도 발표됐다. 콩의 사포닌 성분 역시 암세포의 전이를 억제하는 효과가 있는 것으로 알려져 있다.

항암 성분인 이소플라본 함량(100g 기준)은 콩 126㎎, 된장 82㎎, 청국장 56㎎이다. 체내에 흡수하기 쉬운 형태의 이소플라본은 반대로 된장 58㎎, 청국장 29㎎, 콩 9㎎으로 된장의 체내 흡수율이 가장 높다. 즉, 콩의 항암 성분은 발효 과정을 거치면서 흡수되기 좋은 형태로 변하는 것이다. 여성호르몬인 식물성 에스트로겐과 비슷한 구조를 가진 이소플라본은 갱년기 증상을 완화하고 골다공증 예방 효과도 뛰어나다.

콩에 들어 있는 레시틴은 뇌 기능을 향상시키고 기억력 저하를 막아 어린이와 노인에게 특히 좋다. 식이섬유소가 풍부한 콩은 다이어트에 좋고, 당뇨 환자에게도 권장된다. 미국 식품의약국(FDA)은 하루 25㎎의 콩 단백질 섭취를 권장하고 있다. 이는 콩 200~300알에 해당하는 양이며, 콩을 싫어하는 경우 두부·콩나물·콩자반 등으로 먹으면 된다.

콩은 조직 자체가 치밀하고 단단해 소화가 잘 안 된다. 또 콩에는 단백질의 소화흡수를 방해하는 물질이 들어 있다. 하지만 콩에 열을 가하면 단백질이 변성돼 소화흡수율이 높아지고 소화방해 물질이 없어진다. 콩의 소화흡수율은 65%인데 반해 콩으로 가공한 두부는 95%로 높다.

식초, 인류 최고의 **장수식품**

'1만 년의 지혜가 담긴 물' '인류 최고의 장수식품'. 식초를 이르는 말이다. '어느 집 주방에나 있는 식초가 얼마나 대단하길래'라고 여기거나 식초를 그저 맛을 내는 조미료로만 생각한다면 식초의 진면목을 모르는 것이다. 식초는 동서양을 막론하고 오래전부터 음식의 맛을 더해주는 조미료뿐 아니라 음료·약으로 이용됐다. 최근 웰빙 바람이 불면서 다양한 식초가 등장하고 있고, 더 나아가 마시는 '건강음료'로 진화하고 있다.

식초는 보관하던 술이 우연히 변해 만들어진 것이 그 시초다. 영어로 '식초(vinegar)'는 프랑스어의 '포도주(vin)'와 '맛이 신(aigre)'이라는 말이 합쳐진 것이다. 어원에서처럼 식초는 포도주가 쉬어 만들어졌다는 것을 알 수 있다.

세 번이나 노벨상의 주인공이 됐을 정도로 영양학적 효능이 뛰어난 식초를 마셔서 얻을 수 있는 가장 큰 효과는 피로 해소다. 식초는 피로의 원인 물질인 젖산을 분해해 피로와 스트레스를 해소하는 데 효과적이다. 서커스 단원들이 뼈를 유연하게 하기 위해 식초를 많이 먹었다고 하는데, 이는 근육의 피로를 풀어주기 위해서다.

식초의 신맛은 잃었던 입맛을 살려주고 소화액의 분비를 촉진시켜 소화흡수를 돕는다. 그래서 기운이 떨어지고 입맛이 없을 때 식초를 넣은 음식을 먹으면 생기가 도는 것이다. 또 식초는 나쁜 콜레스테롤은 줄여주고 좋은 콜레스테롤은 늘려준다. 혈당치를 낮춰주고 혈압을 떨어뜨리는 효과도 있다.

식초는 신맛이 나서 흔히 산성식품으로 생각하기 쉽다. 하지만 몸속에서 분해되면 알칼리성으로 변하는 알칼리성식품이다. 식초를 마시면 살이 빠진다고 아는 이들도 있다. 물론 식초가 신진대사를 원활하게 해 에너지 소비를 도와주기는 하지만 이 때문에 살이 빠지는 것은 아니다.

식초는 제조 방법에 따라 합성식초와 양조식초로 나뉜다. 합성식초는 석유에서 추출한 빙초산에 맛을 내기 위해 화학 물질을 섞어 가공한 것이다. 양

조식초는 에탄올에 초산균을 넣어 1~2일 만에 속성으로 발효시킨 것으로, 비타민·미네랄 등이 충분하지 않다. 반면 천연 양조식초는 곡물·과실 등을 1차 발효시켜 술을 만든 후 2차 발효시켜 숙성 기간이 비교적 길고, 식초가 갖고 있는 영양 성분인 구연산·아미노산 등이 많이 들어 있다. 흔히 요리에 사용하는 식초는 합성식초와 양조식초가 대부분이다. 에탄올에 현미농축액이나 사과농축액을 약간 넣어 발효시킨 현미식초나 사과식초도 양조식초에 해당된다.

식초가 다방면에서 우리 몸에 이롭지만 무턱대고 아무 식초나 마시는 것은 금물이다. 시중에 나와 있는 빙초산과 같은 합성식초나 속성 양조식초는 마시기에 적합하지 않다. 비타민과 유기산 등이 충분하지 않아 건강에 별 도움이 되지 않는다. 따라서 건강을 위해 식초를 마실 때에는 자연 발효시킨 천연 양조식초여야 한다. 위궤양이나 위산 분비가 많은 사람은 조심해야 하고, 공복 때보다는 식후에 마시는 것이 좋다.

작지만 속이 꽉 찬 **달걀**

소풍 갈 때 김밥·사이다와 함께 별미로 챙겨 갔던 이것. 학창 시절 양은 도시락 밥 위에 얹어와 친구들의 부러움을 샀던 이것. 기차 여행을 할 때 이것 먹는 재미가 쏠쏠하고 라면 끓일 때 이것을 넣어야만 라면의 격이 한 단계 높아진다. 이것은 바로 대한민국의 단골 식재료 '달걀'이다. 소설 〈사랑방 손님과 어머니〉에도 나왔듯이 달걀은 예전엔 손님에게 내놓았던 귀한 음식이었다. 하지만 요즘엔 웬만한 집 냉장고 문을 열면 흔하게 볼 수 있다.

달걀은 한 생명체(병아리)가 태어나는 데 필요한 핵심 영양소를 두루 갖추고 있다. 단백질·탄수화물·지방·칼슘·인·철·미네랄과 비타민C를 제외한 모든 비타민 등 갖가지 영양소가 골고루 들어 있다. 단일 식품으로는 영양가가 가장 뛰어나다.

달걀은 소화흡수율이 높아 씹기 어렵거나 소화력이 떨어지는 노인들의 영양식으로 많이 이용되며, 다량의 단백질을 필요로 하는 어린이와 청소년들의 발육과 건강에도 큰 도움을 준다. 또 다이어트에 관심이 많은 여성에게도 좋은 식품이다. 삶은 달걀 1개의 열량은 80kcal이지만 위에 머무르는 시간이 3시간 이상으로 길다. 이로 인한 포만감으로 음식을 과다하게 섭취하는 것을 막아줄 뿐 아니라 다이어트 시 부족하기 쉬운 단백질·칼슘·철분 등의 섭취를 보충해준다.

달걀은 수분이 74.7%, 단백질 12.3%, 지방 11.2%, 무기질 0.9% 등으로 구성돼 있다. 특히 인체에 꼭 필요한 8종 필수아미노산의 양과 비율을 측정한 '단백가'(최고 100 기준)가 96이나 된다. 돼지고기가 86, 쇠고기가 83, 생선이 80, 우유가 78인 것에 비하면 훨씬 높다. 따라서 달걀은 가장 이상적인 양질의 단백질을 가지고 있는 식품이라 할 수 있다.

이처럼 달걀은 우리 몸에 아주 좋은 식품임에도 요즘 사람들은 먹기를 꺼

달걀 신선하게 보관하는 법

- 달걀의 둥근 부분이 위로, 뾰족한 곳이 아래로 향하게 한다. 둥근 쪽에는 공기집(기실)이 있어 아래로 향하면 세균에 노출되기 쉽다.
- 달걀은 냉장고 문에 보관하는 것보다 바구니 또는 밀폐용기에 담아 냉장고 안쪽에 보관하는 것이 좋다. 안쪽이 문 쪽 보다 온도 변화가 적기 때문이다.
- 달걀은 표면이 더러워도 물로 씻으면 안 된다. 표면의 보호막이 씻겨나가면 기공을 통해 오염 물질이 흡수돼 변질이 빨리 될 수 있다. 가능하면 먹기 직전에 씻어 사용하는 게 좋다.

린다. 이유는 노른자에 콜레스테롤이 많아 성인병에 걸릴 위험이 높다는 오해 때문이다. 달걀 1개에 들어 있는 콜레스테롤의 양은 약 200~250㎎. 성인의 하루 콜레스테롤 권장량인 300㎎의 3분의 2 정도에 해당한다. 사실 달걀의 콜레스테롤 함량이 낮은 것은 아니다. 하지만 달걀노른자에 풍부한 레시틴이란 성분이 콜레스테롤의 흡수를 방해해 달걀을 먹어도 콜레스테롤 수치가 올라가지 않는다. 또 콜린이라는 성분이 두뇌 활동을 도와 기억력을 높이고 치매를 예방한다는 연구 결과가 있다.

그렇다면 하루에 달걀을 몇 개 정도 먹는 게 적당할까. 전문가들은 심혈관계 질환이나 당뇨병 등이 없는 건강한 사람이라면 하루 1~2개 정도 섭취하는 것은 문제가 되지 않는다고 한다. 육식을 주로 하고 우유 소비량이 많은 서양인들과 달리 한국인들은 채소를 많이 먹어 단백질 섭취가 부족하기 쉽기 때문이다. 다만 콜레스테롤 수치가 높거나 고지혈증 등 성인병이 있는 경우엔 일주일에 3개 이하가 적당하다. 만약 콜레스테롤 때문에 달걀의 흰자만 먹고 노른자는 버린다면 양질의 비타민을 버리는 것이나 다름없기 때문에 다 먹는 것이 좋다.

굴, 정력가들이 사랑한 음식

나폴레옹과 바람둥이의 대명사 카사노바는 물론 세기의 미인인 클레오파트라가 즐겨 먹었던 굴. '바다의 우유'라 불릴 정도로 영양소가 풍부한 굴은 11월부터 다음해 3월까지 살이 오르고 향이 짙어 맛이 가장 좋다고 한다.

서양에서는 달력에 알파벳 'R' 자가 들어가지 않는 달(5월·6월·7월·8월)에는 굴을 먹지 말라는 말이 있다. 일본에서는 벚꽃이 피면 굴을 먹지 말라고 했다. 이때는 기온이 비교적 높은 시기라서 굴이 상하기 쉽고 식중독을 일으킬 확률이 높기 때문이다.

굴은 단백질이 풍부한 반면 지방은 적다. 굴 100g에는 수분 81.5g, 단백질 10.5g, 지방 2.4g 등이 들어 있다. 단백질은 우유의 3배, 철분은 200배나 많다. 수분을 빼면 전체 영양소의 절반 이상이 단백질인 셈이다. 열량은 88kcal로 낮다. 이외에 굴에는 비타민A·B·C뿐 아니라 철분·요오드·칼슘 등 미네랄도 풍부하다.

서양에서는 '굴을 먹으면 더 오래 사랑하리라(Eat oyster, love longer)'는 말이 있다. 동서양을 막론하고 건강식품으로 통하는 굴이 남자에게 좋다고 하는 것은 아연 때문이다. 무기질의 일종인 아연은 성 기능 유지와 정자 형성에 필수적인 성분이다. 굴의 아연 함량은 13.2mg으로 어패류 중에서 가장 높다. 특히 현대인들은 가공식품의 섭취가 많아 아연 결핍이 되기 쉽다. 따라서 굴을 자주 섭취하는 것이 좋다. 아연과 함께 굴에 많은 타우린은 성장기 어린이의 발육과 학습 능력 향상에 효과가 있다.

굴은 여성의 피부 미용에도 좋다. '배 타는 어부 딸의 얼굴은 검고, 굴 따는 어부 딸의 얼굴은 하얗다'라는 속설이 있다. 굴에 멜라닌 분해 성분이 있어 백옥 같은 피부를 만드는

싱싱한 굴 고르기

굴을 고를 때는 신선도를 최우선으로 고려해야 한다. 눈으로 봤을 때 가장자리의 테두리가 새까맣고 선명한 것이 싱싱하다. 엉덩이 부분은 볼록하고 색깔은 유백색을 띠며 광택이 있는 것이 좋다. 색이 탁하고 퍼져 있으면 오래된 것이다. 굴은 맹물에 씻으면 맛과 향이 떨어진다. 소금물로 씻어야 굴의 참맛을 느낄 수 있고 유효 성분의 손실도 막을 수 있다. 굴 특유의 비린내와 미끌거림을 없애려면 무즙에 굴을 넣고 살살 저은 뒤 소금물에 헹구면 된다.

데 도움을 주고, 비타민C가 피부 노화를 막아준다. 또한 굴에는 칼슘과 엽산 함량이 높아 어린이와 임산부에게도 좋다. 굴은 다른 패류와 달리 조직이 부드럽고 소화흡수율이 높아 남녀노소 누구에게나 좋은 식품이다.

굴에 콜레스테롤이 많기는 하지만 타우린이 풍부해 혈중 콜레스테롤을 증가시키지는 않는다. 또 풍부한 단백질이 음주로 지친 간에 아미노산을 보충해줘 숙취 해소에도 좋다.

굴의 영양 섭취 면에서는 구이나 전보다 찜이 낫고, 찜보다는 생으로 먹는 게 효과적이다. 약간 비린내가 나서 구워 먹기도 하는데, 이 경우에는 비타민이 파괴되고 가열 온도가 너무 높아지면 단백질 변성이 일어나 오히려 단백질이 흡수되는 것을 방해한다.

우리는 굴을 초장에 찍어 먹고, 서양에서는 굴에 레몬을 곁들여 먹는다. 레몬의 유기산 성분이 철분의 흡수를 촉진하고 굴의 비린 맛을 없애주기 때문이다.

봄나물, 춘곤증 잡는 **묘약**

봄이 되면 일교차가 심해지고 겨울에 비해 활동량이 많아져 몸이 적응하는 데 어려움을 겪는다. 낮 시간이 길어지고 기온이 올라가면서 근육이 이완돼 나른함을 더 느끼게 된다. 졸음이 시도 때도 없이 몰려오고 쉽게 피곤해지며 덩달아 입맛도 떨어진다. 흔히 말하는 봄의 불청객 '춘곤증'이 몰려오는 시기다.

춘곤증은 봄이라는 계절의 변화에 몸이 적응하지 못해 일시적으로 나타나는 피로감이라고 할 수 있다. 계절적인 요인으로 생긴 무기력함을 날려주고 잃었던 입맛을 찾아주는 한첩의 보약이 바로 봄나물이다. 향긋한 풍미와 쌉싸래한 맛, 아삭아삭 씹히는 질감은 봄기운을 가득 전해줄 뿐 아니라 잃어버린 미각도 되살려준다.

봄나물 하면 제일 먼저 떠오르는 것이 냉이다. 잎뿐 아니라 뿌리까지 먹는 냉이는 특이하게 채소 중에서 단백질이 100g당 4.7g으로 비교적 높다. 칼슘(145mg)과 철분(5.2mg)이 풍부하고 비타민도 많다. 한의학에서 냉이는 위궤양·신장병·고혈압·눈 건강 등에 좋고 간의 해독 작용을 돕는다고 한다.

'작은 마늘'이라 불리는 달래는 성질이 따뜻하면서 매운맛이 있다. 잎과 둥근 뿌리를 함께 먹는데 약간 쓴맛이 나고 향이 독특하다. 비타민 A·C 등 각종 영양소가 골고루 들어 있고 칼슘과 칼륨이 많이 함유돼 있다. 마늘이 가지고 있는 알리신 성분이 풍부해 항균·항염증 작용에도 효과가 있다. 한방에서 달래는 생리가 고르지 못하거나 자궁이상 등으로 출혈증세가 있는 부인과 질환에 좋다고 알려져 있다. 또 양기를 보강해 남성에게도 유익하다. 냉이처럼 찌개에 넣거나 무쳐 먹는다.

달래·냉이와 함께 '봄나물 트리오'로 불리는 것이 씀바귀다. 이름처럼 쓴맛이 강한 씀바귀는 몸의 열을 내려주고 소화 기능을

지방은 인지질의 형태로 신경세포막을 구성하고 뇌세포의 기능에 중요한 역할을 담당하는 성분이다. 딱딱한 씨앗인 견과류에는 비타민E와 불포화지방산의 일종인 오메가3지방산이 풍부하다. 이 성분이 뇌의 신경세포를 발달시키는 영양소다. 또 단단한 음식을 씹으면 뇌가 자극을 받고 뇌의 혈류량이 늘어 건강한 뇌를 유지하는 데 효과가 있다. 대표적인 식품은 호두·잣·땅콩·아몬드·호박씨·해바라기씨 등이다. 특히 호두는 레시틴이 많아 두뇌 발달을 돕고, 신경전달에 관여하는 무기질을 많이 함유하고 있어 어린이에게 좋다. 호두의 속살은 생김새가 뇌를 닮아서인지 오래전부터 호두를 즐겨 먹으면 머리가 좋아진다고 여겨왔다.

생선의 DHA가 두뇌 건강에 좋다는 연구 결과는 이미 많이 알려져 있다. 특히 연어에는 오메가3지방산(DHA·EPA)이 등푸른 생선보다 많이 들어 있다. 오메가3지방산의 섭취가 부족하면 주의력결핍과잉행동장애(ADHD)나 치매 등 정신 질환의 발생 위험을 높인다고 한다. 고등어와 꽁치·참치 등도 두뇌에 좋은 DHA가 풍부하다. 이런 생선류를 꾸준히 먹으면 뇌졸중 등의 위험이 줄고 뇌를 건강하게 유지하는 데 도움이 된다.

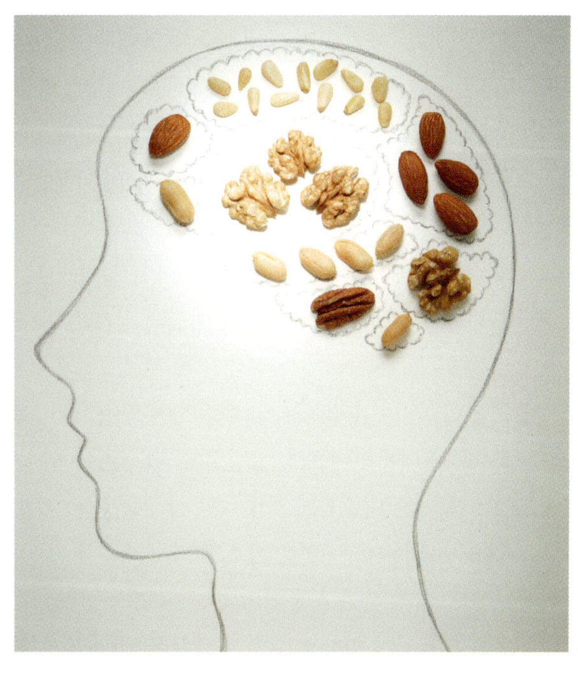

뇌 건강 생활 수칙

아침을 꼭 먹자 아침에 밥이나 빵같이 포도당 함유량이 높은 음식을 먹어야 두뇌 회전이 활발해진다.

하루 3번 크게 웃자 웃음은 뇌에 베타엔돌핀의 분비를 촉진한다. 베타엔돌핀은 기분을 좋게 하고 통증을 줄여준다. 15초간 손뼉을 치며 크게 웃으면 100m를 전력 질주한 운동 효과와 맞먹는다.

몸을 움직이자 운동을 하면 뇌에 공급되는 혈액의 양이 늘고 혈액 속에 많은 성장 인자들이 뇌 신경의 성장을 촉진시킨다.

이열치열 더위야 물렀거라

펄펄 끓는 뚝배기가 나온다. 그릇 한가운데 양반다리를 하고 떡 하니 드러누운 닭은 인삼·찹쌀·대추를 가슴에 품고 "날 한번 잡쉈봐" 하며 여유를 부린다.

그랬다. 옛날부터 우리 조상들은 무더운 여름철 '이열치열'의 보양 음식으로 삼계탕 등을 먹으며 무더위로 떨어진 체력과 기운을 보충했다. 땀을 연신 흘리면서도 시원하다는 말을 쏟아냈다. 언뜻 생각하기에 더울 땐 시원한 음식으로 열을 식혀야 할 것 같은데 우리 조상들은 삼계탕이나 추어탕 등 뜨거운 음식으로 속을 채우며 약해진 기운을 돋우고 더위를 물리쳤다. 정말 이런 음식들이 더위를 이기는 데 효과가 있을까.

여름에는 더운 날씨 때문에 몸의 표면으로 열이 모여 상대적으로 몸 안의 온도는 떨어진다. 몸의 양기가 피부로 나오기 때문에 몸의 내부는 차갑게 되는 것이다. 깊은 우물물이 여름엔 시원하고 겨울엔 따뜻하게 느껴지는 것과 같은 이치다.

여름철엔 몸이 계속 덥다고 느껴 자꾸 차가운 것을 먹어 열을 식히려 한다. 하지만 실제 속은 점점 더 차가워지고 몸 표면의 열은 좀처럼 식지 않는다. 속이 차가워지면 소화 기능과 저항력이 떨어진다. 이때 따뜻한 국물이나 열량이 높은 음식을 먹으면 땀이 배출돼 열이 식고 속은 따뜻해지면서 기운이 생긴다.

여름철 보양식의 대명사는 삼계탕·보신탕·추어탕 등이다. 이 음식들의 공통점은 몸을 따뜻하게 해주는 성질이 있다는 것. 열이 부족한 사람에게 안성맞춤이다. 가장 대중적인 보양식인 삼계탕은 남녀노소 누구나 부담 없이 즐길 수 있는 음식이다. 닭은 성질이 따뜻하고 맛이 달며 오장을 안정시키고 몸을 따뜻하게 하는 작용이 있다고 알려져 있다. 또한 단백질과 콜라겐이 풍부하며 육질이 연하고 소화가 잘된다. 삼계탕에 속을 데워주는 인삼과

삼복의 유래

삼복(三伏)은 진한 시대부터 내려오는 중국의 속절(俗節)로 음력 6월에서 7월 사이에 있는 초복, 중복, 말복을 통틀어 이르는 말이다. 이때는 1년 중 가장 더운 시기다. 복날은 10일 간격으로 오기 때문에 초복과 말복까지는 20일이 걸린다. 그러나 해에 따라서 중복과 말복 사이가 20일 간격이 되기도 하는데, 이를 월복(越伏)이라 한다.

대추를 함께 넣으면 이열치열의 효과는 더 높아진다.

보신탕은 한방에서 성질이 따뜻해 허리와 무릎을 데워주며 기력을 증진시키는 식품으로 알려져 있다. 개고기는 쇠고기·돼지고기 등의 다른 육류에 비해 지방과 콜레스테롤이 적고 단백질 함량은 높다. 또 우리 몸에 좋은 불포화지방산이 많고 소화도 잘된다.

미꾸라지는 단백질과 비타민A·D, 각종 무기질 등이 풍부한 고단백 식품이다. 추어탕은 미꾸라지를 뼈까지 갈아 만들기 때문에 칼슘 함량도 높다. 또 소화가 잘돼 노인이나 아이들이 먹기에 부담이 없다. 피부 미용에도 좋아 여성에게 권할 만하다.

고단백 식품인 장어는 영양가가 높다. 〈동의보감〉에서는 장어를 "오장이 허한 것을 보하고 기력을 회복시키는 식품"이라고 설명하고 있다. 장어는 비타민 A·B·E가 많이 함유돼 있다. 특히 토코페롤이라고도 하는 비타민E가 많아 지방산의 산화를 억제하고 혈액순환을 원활하게 해준다. 또 주름 방지, 피부 탄력에도 도움을 줘 여성들에게 좋다. 이런 대표적 보양식 이외에도 더위를 이길 수 있는 음식으로 수박이나 참외 같은 제철 과일도 빼놓을 수 없다.

고구마, 다이어트의 강자

겨울 찬바람이 불면 따끈따끈한 군고구마가 생각난다. 시골집 아궁이 속에 묻어뒀다 꺼낸 고구마를 호호 불어가며 껍질을 벗겨 먹던 추억, 김이 모락모락 나는 노란 속살의 달콤한 맛은 잊을 수가 없다. 그 맛 때문인지 찐고구마보다 군고구마가 더 좋다.

몇 해 전부터 고구마가 최고의 건강식품으로 주목받고 있다. 암을 예방할 뿐 아니라 혈압·당뇨·간기능 개선 등에 효과가 있는 것으로 알려졌기 때문이다. 또 고구마는 미국 항공우주국(NASA)의 우주 식품으로 꼽혔다. 각종 영양소가 풍부해 한 끼 식사로 손색이 없는 데다 잎과 줄기를 모두 활용할 수 있다는 이유에서다. 우리 역시 탄수화물이 풍부한 고구마를 주식 대용으로 이용해 예로부터 구황작물로 재배해왔다.

고구마의 주성분은 전분이다. 포도당·과당 등 당질이 들어 있어 달콤한 맛을 낸다. 고구마 100g당 열량은 128kcal, 탄수화물은 36g, 단백질은 1.4g이다. 이외에 수분과 칼륨·인·칼슘·베타카로틴·비타민C 등이 들어 있다.

적은 양으로도 포만감을 많이 주는 고구마는 다이어트를 상징하는 대표 식품이다. 그래서인지 몸매 관리를 하는 연예인들은 고구마를 끼고 산다. 고구마를 자르면 우유 같은 하얀 액체가 나오는데, 이것은 '얄라핀' 성분이다. 얄라핀은 고구마에 난 상처를 보호하는 성분으로 배변 활동을 돕고 장을 청소해 대장암을 예방해준다. 또 고구마에는 식이섬유가 100g당 0.9g으로 감자(0.2g)의 4배가 넘는다. 변비로 고생한다면 고구마를 익혀 먹는 것보다 생으로 먹는 것이 훨씬 유익하다.

고구마와 궁합 맞는 음식

고구마는 김치·우유와 환상의 짝꿍이다. 고구마를 먹을 때 김치를 곁들이라고 하는 것은 고구마의 칼륨이 김치의 나트륨을 몸 밖으로 배출시킬 뿐 아니라 맛도 좋기 때문이다. 우유는 고구마에 부족한 단백질을 보충해준다.

고구마는 감자보다 단맛이 강하지만 당지수(GI·혈당을 높이는 지수)는 55로 감자(85)의 절반을 조금 넘는 수준이다. 쌀밥(92)이나 식빵(70)보다도 낮아 당뇨병 환자에게도 비교적 안전하다. 고구마를 먹으면 혈당지수가 천천히 올라가기 때문에 남는 당이 지방세포로 전환되는 과정이 줄어 체중 조절에 안성맞춤이다. 다이어트를 할 때 감자와 고구마 중 고구마에 손을 들어주는 이유는 당지수가 낮고 식이섬유가 풍부하기 때문이다.

고구마는 각종 비타민을 함유하고 있어 피로 해소와 노화 방지에 도움을 준다. 특히 비타민C(100g당 25mg)는 전분 사이에 존재해 열을 가해도 70% 이상이 손실되지 않고 고스란히 남아 있다. 그래서 날로 먹든 익혀 먹든 큰 상관이 없다. 단맛이 강하고 속살이 부드럽고 노란 호박고구마는 베타카로틴이 많다. 보라색 고구마는 안토시아닌이 풍부해 항산화 능력이 뛰어나다. 안토시아닌 색소는 속살보다 껍질에 35%가량 더 많아 고구마는 껍질을 벗기지 않고 먹는 게 좋다.

갓 수확한 고구마보다 수확 후 한두 달 지난 고구마가 더 달콤하다. 생고구마보다는 군고구마가 훨씬 더 달다. 고구마를 일정한 온도로 구우면 효소 작용이 활발해져 녹말 분해가 잘되고 그로 인해 단맛이 증가한다. 생고구마는 엷게 탄 소금물이나 설탕물에 1시간가량 담갔다 먹으면 아삭아삭한 맛을 즐길 수 있다. 고구마는 냉기를 싫어해 냉장 보관은 피해야 한다. 신문지에 싸거나 종이상자에 담아 상온(13~15℃)에서 보관해야 오래 두고 먹을 수 있다.

몸에 유익한 **유산균**

우리 몸에는 500여 종의 세균이 약 100조 개가 있다. 무게만도 1kg이나 되며 장(腸)에 가장 많이 산다. 장내에는 몸에 유익한 세균과 유해한 세균이 함께 있다. 사람마다 각각 다른 장내세균을 가지고 있다. 장에 좋은 세균이 많으면 몸에 나쁜 세균이 들어와도 물리쳐주기 때문에 건강을 지킬 수 있다. 반면 나쁜 세균의 힘이 커지면 면역력이 떨어지고 각종 질병이 발생할 확률이 높아진다. 유익균과 유해균이 적정하게 균형을 이뤄야 최적의 몸 상태를 유지할 수 있는 것이다.

우리 몸에 유익한 균 가운데 으뜸은 유산균이다. 유산균은 유해세균을 억제하고 면역력 증강, 장운동 활성화, 노화 방지 등 우리 몸에 좋은 생리 활동을 돕는다. 한국인의 80%가 감염됐을 정도로 악명이 높은 유해균인 헬리코박터 파일로리균의 작용도 억제한다. 유산균에 대한 연구는 현재에도 왕성하게 이뤄지고 있다. 최근에는 유산균이 아토피와 관절염 치료에 효과가 있다는 연구 결과도 발표됐다.

유산균은 고대 페르시아 유목민이 가축의 젖을 가죽 주머니에 담아 장기간 이동하던 중 우유가 변해 발효유가 된 것을 우연히 발견한 이후 식품 가공에 이용하기 시작했다. 유산균을 이용한 대표적인 발효 식품은 김치·요구르트·치즈·된장 등 우리 주변에서 쉽게 찾을 수 있다.

유산균을 처음 발견한 사람은 프랑스 미생물학자인 파스퇴르 (1822~1895)다. 그는 포도를 발효시켜 포도주를 만드는 과정에서 유산균을 발견했다. 하지만 그는 유산균을 포도주를 부패하게 하는 나쁜 균으로 여겼다. 유산균 발효유가 세계적으로 널리 보급되게 한 일등공신은 러시아 생물학자인 메치니코프(1845~1916)다. 유산균 과학의 아버지라 불리는 그는, 사람이 늙는 것은 장내의 부패균 등이 증식하면서 독성 물질을 만

들어내기 때문에 유산균이 든 발효유를 섭취해 이를 억제해야 한다고 했다. 그는 또 불가리아와 코카서스 지방 사람들이 장수하는 것은 발효유를 많이 먹기 때문이라고 주장했다.

유산균은 장에 도달하기 전 위산과 담즙에 의해 50% 정도가 죽는다. 살아남은 유산균은 대장에서 본격적으로 증식하게 된다. 유산균이 좋아하는 음식은 섬유소가 풍부한 것들이다. 그래서 유산균은 유해균의 활동을 억제, 장의 연동운동을 정상적으로 유지시켜 설사와 변비를 예방한다. 또 암세포를 만드는 돌연변이 세포가 생기거나 돌연변이 세포에 발암물질이 접근하는 것을 막아 암을 예방하는 효과도 있다. 면역력을 향상시켜 질병으로부터 우리 몸을 보호해주는 것이다. 이외에 혈중 콜레스테롤 농도를 적정하게 유지시켜 심혈관 질환 예방에도 도움을 준다.

이런 유산균을 쉽게 섭취할 수 있는 식품이 요구르트다. 유산균의 효과를 제대로 보려면 유산균 수가 중요하다. 하지만 한꺼번에 많은 양을 먹기보다는 매일 꾸준히 먹는 게 좋다. 요구르트는 식사 전후 언제 마셔도 효능에 큰 차이는 없지만 될 수 있으면 위의 산도가 낮을 때 먹는 것이 효과적이다. 장수촌으로 알려진 러시아의 코카서스 지방에서 식후에 디저트처럼 요구르트를 한 그릇씩 먹는 것도 요구르트의 효능을 최대로 누리기 위해서가 아닐까 싶다.

유산균, 얼려 먹으면 죽을까

아이들이 얼린 요구르트를 간식으로 즐긴다. 유산균은 영하 70℃까지 휴면 상태로 있기 때문에 얼려 먹을 경우 유산균의 수가 약간 줄 수는 있으나 큰 문제는 없다. 하지만 데워 먹을 때는 주의가 필요하다. 유산균은 37℃에서 가장 활발하게 활동하고, 60℃ 이상에서는 죽기 시작하기 때문이다.

소금, 과해도 모자라도 안돼요

인간이 살아가는 데 없어서는 안 되는 소금. 음식의 간 뿐 아니라 식품의 저장·가공, 인체의 건강 유지에 필수 물질인 소금은 오래전 귀한 대접을 받았다. 소금이 돈으로서 가치를 인정받아 고대 로마 군인들은 봉급을 소금으로 받았다. 월급을 뜻하는 '샐러리(salary)'는 소금(salarium)에서 유래됐다고 한다.

이처럼 한때 귀한 대접을 받던 소금이 요즘은 건강의 적으로 낙인찍혔다. 짜고 자극적인 음식을 좋아하는 한국인의 소금 섭취량이 많아 고혈압·위암 등 각종 질병을 불러오기 때문이다. 세계보건기구(WHO)가 권장하는 하루 적정 소금 섭취량은 5g이지만 우리는 하루에 무려 13~15g을 섭취해 세계보건기구 권장량보다 2.6~3배나 높다. 일본보다는 1.2배 수준이다.

외국인들은 소금 섭취를 대부분 가공식품을 통해 하지만 우리는 김치·장류 등 전통 식단에서 절반 이상의 소금을 섭취한다. 소금이 든 음식을 평소 많이 먹는 우리 식문화 특성상 입맛을 바꾸기란 쉽지 않다.

소금은 만드는 방식에 따라 종류와 쓰임새가 다르다. 일반적으로 소금은 천일염·정제소금·재제소금·가공소금으로 나뉜다. 천일염은 염전에서 바닷물을 햇빛과 바람으로 증발시켜 만든 소금이다. 각종 무기질과 미네랄이 풍부해 영양 가치가 가장 높다. 염도는 80~85%이며 입자가 굵다. 주로 김치·젓갈·장류 등을 담글 때 사용한다. 다만 다른 소금에 비해 불순물이 많이 들어 있을 수 있다. 프랑스의 게랑드 소금 같은 외국의 천일염은 바닷물을 한곳에 가둬놓고 증발시키기 때문에 국내 천일염보다 수분 함량은 낮고 염도는 높다. 미네랄 함량은 국내산 천일염이 더 높다.

바닷물을 전기분해해 얻어낸 정제소금은 염도 99% 이상의 염화나트륨 결정체다. 불순물을 제거해 위생적이지만 정제 과정에서 미네랄과 같은 소금의 좋은 성분이 거의 빠져나가 영양 면에서는 천일염만 못하다. 입자가 가

나트륨 섭취 줄이기

간은 먹기 직전에 하라 국이나 찌개는 한소끔 끓였다 식힌 후 마지막에 간한다.

짠맛을 대용할 다른 양념을 찾아라 식초·생강·마늘·레몬즙 등을 이용해 음식의 맛을 낸다.

자연 향신료로 대체하라 새우·멸치·다시마를 가루로 만들어 국이나 무침 요리에 소금 대신 이용한다.

국물은 남기라 국을 먹을 때 국물보다는 건더기 위주로 먹는다. 국에 밥을 말아 먹지 말고 국과 밥을 따로 먹는다.

늘고 농도가 균일해 과자류 등 가공식품 제조에 많이 이용된다.

흔히 '꽃소금'이라 부르는 재제소금은 천일염이나 수입염을 물에 녹여 불순물을 제거한 후 가열해 다시 결정화시킨 것으로 염도가 88~90%다. 천일염에 비해 무기질 함량은 부족하지만 불순물은 더 적다. 가공소금은 천일염을 태우거나 녹이는 방법으로 원형을 변형시키거나 경우에 따라서 맛이나 영양을 증진시킬 목적으로 식품첨가물 등을 넣어 가공한 소금이다. 맛소금·구운소금·볶은소금·죽염 등이 해당된다.

요즘엔 염화나트륨 함량을 크게 줄인 가공소금이 나와 있다. 이런 소금은 염화나트륨은 줄였지만 짠맛을 유지하기 위해 염화칼륨을 추가한다. 염화칼륨은 대부분 신장을 통해 배출되기 때문에 신장병 등을 앓고 있는 환자가 장기간 먹을 경우 체내 혈중 칼륨 농도가 높아져 호흡곤란·가슴통증·심장마비 등이 올 수 있다.

전문가들은 소금을 먹는다면 정제염보다는 미네랄이 든 천일염이 좋다고 말한다. 소금 섭취량을 줄여야 하는 상황에서 어떤 소금을 먹느냐 하는 것보다는 소금의 양을 줄여 싱겁게 먹도록 생활 습관을 바꾸는 것이 더 시급하다.

4
똑똑한 밥상이 내 몸을 살린다

토마토의 라이코펜 성분은
활성산소를 억제해
암과 노화를 막아준다.
가열하거나 기름에 볶으면
흡수율이 높아진다.

감귤 껍질 속 '흰 실' 떼지 마세요

겨울철 주전부리의 최고봉은 감귤이다. 앉은 자리에서 5~6개는 눈 깜짝할 사이에 해치울 수 있다. 먹고 나면 손바닥이 노랗게 변한다. 옛날에 임금님께 바치던 귀한 과일이었고, 이 나무 몇 그루만 있으면 자식을 대학에 보낼 수 있다 해서 '대학나무'라 불렀다. 바로 감귤이다.

감귤은 '비타민 덩어리'라고 불릴 정도로 비타민C가 풍부하다. 감기 예방은 물론 피로 해소와 피부 미용에도 좋다. 감귤에 들어 있는 기능성 물질이 면역력 증강·항암·항산화 작용 등 다양한 효과를 보인다는 연구 결과도 있다.

감귤 100g에는 비타민C가 48mg 들어 있다. 단감보다 3배, 사과나 배보다 10배 이상 많다. 한국영양학회가 정한 성인의 하루 비타민C 섭취 권장량은 100mg으로, 중간 크기의 감귤 2~3개만 먹으면 하루 필요량을 충족할 수 있다. 다만 면역력이 약한 사람이나 흡연자는 4개 정도 먹으면 좋다.

과일 중에서 유일하게 감귤에만 있는 게 비타민P다. 비타민P는 '바이오플라보노이드'라고 불리는데, 헤스페리딘이 대표적인 성분이다. 비타민P는 모세혈관을 튼튼하게 하고 동맥경화와 고혈압 예방에 효과가 크다. 감귤 알맹이를 덮고 있는 하얀 실 가닥 같은 부분에 많이 들어 있다. 감귤을 먹을 때 하얀 부분을 다 떼어내고 먹는 사람들이 있는데, 그렇게 먹었다면 몸에 좋은 영양소를 고스란히 버린 셈이다. 또 하얀 부분과 알맹이를 싸고 있는 투명한 속껍질에는 식이섬유인 펙틴이 풍부하다. 펙틴은 대장운동을 원활하게 하고 변비를 예방하는 데 도움을 준다. 또 체내에 있는 중금속을 해독하고 혈중 콜레스테롤 함량을 낮춰준다.

감귤은 다이어트 식품으로도 손색이 없다. 농촌진흥청이 비만한 중학생 20명을 대상으로 감귤음료 100㎖를 두 달간 꾸준히 마시게 했더니 감귤음

맛있는 감귤 고르기

감귤은 껍질이 얇고, 배꼽 부분이 진한 담홍색을 띠는 것이 좋다. 껍질이 오톨도톨한 것이 달다. 크기는 너무 크지도 작지도 않은 중간 크기가 적당하고, 만졌을 때 딱딱하지 않은 것을 고른다. 껍질과 과육이 달라붙어 있는 감귤일수록 맛이 좋다. 껍질과 과육 사이가 비어 느슨한 것은 맛이 싱겁다. 외관상 약간의 흠이 있고 덜 반짝거리면서 가무잡잡한 점이 있어도 문제없다.

료를 먹은 학생이 먹지 않은 학생에 비해 체지방이 3% 줄었다. 여기에 운동을 병행한 학생은 체지방 감소율이 7%로 효과가 더 컸다. 귤에 들어 있는 플라보노이드가 지방세포가 쌓이는 것을 억제해 비만을 막아주는 것이다.

감귤을 많이 먹어 손발이 노랗게 변한 경험, 누구나 있을 것이다. 감귤에 들어 있는 노란색 색소인 카로티노이드 때문이다. 카로티노이드는 지용성이라 몸 밖으로 잘 빠져나가지 않는다. 그래서 감귤을 먹으면 카로티노이드의 30% 정도는 혈액에 섞여 온몸으로 퍼져나가고, 나머지는 피하 지방층에 쌓여 각질이 많은 손바닥과 발바닥에 노란 색깔로 나타난다. 감귤을 과다 섭취하면 황달처럼 노랗게 되지만 몸에 해로운 것은 아니다. 이럴 때는 감귤 섭취를 줄이는 게 상책이다. 그러면 피부색이 별 문제 없이 정상으로 돌아온다.

한방에서는 말린 귤껍질을 '진피'라 해서 한약재로 사용한다. 귤껍질을 차로 우려내 마시면 기침과 가래를 완화하는데 도움이 된다. 다만 귤껍질은 흐르는 물에 여러번 씻어 말린 후 물에 넣고 끓이면 된다.

브로콜리 잎과 줄기 버리시나요

　　　　울창한 숲 속의 푸른 나무를 연상케 하는 밥상 위의 영양 덩어리, 브로콜리. 2002년 〈뉴욕타임스〉가 선정한 10대 건강식품이면서 미국 국립암연구소가 꼽은 최고의 항암 식품이다. 세계적인 노화방지 학자인 미국인 스티븐 프랫 박사가 장수하기 위해 먹어야 할 음식으로 지목하면서 브로콜리는 '노화 방지 식품'이라는 타이틀을 하나 더 얻게 됐다. 양배추의 변종인 브로콜리는 꽃과 잎, 줄기까지 어느 하나 버릴 게 없는 '슈퍼 푸드'로 통한다.

　브로콜리에 들어 있는 성분 중 눈여겨봐야 할 것은 암세포의 성장을 억제하는 인돌화합물과 설포라판이다. 인돌화합물은 전립선암과 유방암·난소암 세포의 성장과 전이를 억제하는 것으로 밝혀졌다.

　설포라판은 암과 싸우는 효소를 활성화해 피부암·대장암·폐암 등을 예방하고, 위암의 원인인 헬리코박터 파일로리균을 죽이는 작용을 한다. 2007년 미국 존스홉킨스대학 연구팀은 미국인 6명의 피부에 브로콜리 새싹에서 추출한 설포라판을 바르고 강한 자외선을 쪼인 결과 피부염증과 홍반이 37%까지 줄었다고 밝혔다. 또 설포라판은 염증 반응을 완화시켜 암으로 발전하기 전 단계의 세포가 종양으로 되는 것을 막아주는 효과도 있다.

　브로콜리의 부위별 설포라판 함량은 100g당 줄기에 40ppm, 잎에 20ppm, 꽃봉오리에 9ppm으로 줄기에 가장 많다. 하지만 우리는 브로콜리의 꽃봉오리만 먹고 줄기는 버리는 경우가 많다. 그런데 줄기야말로 몸에 좋은 영양소가 가득한 브로콜리의 핵심이라 할 수 있다. 다만 브로콜리의 항암 성분인 설포라

좋은 브로콜리 고르는 법

눈으로 봤을 때 꽃봉오리 직경이 12㎝ 정도 되고 꽃봉오리가 서로 단단
하게 붙어 있는 것이 좋다. 손으로 들었을 때 묵직하고 진한 녹색을 띠는
것을 선택한다. 브로콜리는 수확 시기를 놓치면 꽃망울 부분이 노랗게
돼 상품성이 떨어진다.

판은 끓이거나 오래 삶을 경우 파괴되기 때문에 살짝 데치거나 기름에 볶아
먹는 것이 좋다.

영양상으로 브로콜리는 비타민C와 베타카로틴 등 항산화 비타민과 칼륨
이 풍부하다. 비타민C는 100g당 98㎎으로 레몬의 2배, 감자의 7배에 달한
다. 칼슘도 꽃봉오리에 64㎎, 잎에 173㎎ 들어 있다. 줄기와 마찬가지로 잎
역시 유용한 성분이 많기 때문에 챙겨 먹어야 할 부위다.

질량 대비 브로콜리의 칼슘 함량은 1g당 1㎎ 정도로 우유(1.2㎎)에 못지않
은 수준이라 뼈 건강과 골다공증 예방에도 도움이 된다. 혈압을 조절하는 칼
륨도 100g당 307㎎이나 들어 있다. 변비를 예방하는 식이섬유(1.4g)도 많은
편이다. 또한 브로콜리에는 루테인과 같은 항산화 물질이 다량 함유돼 있어
백내장 예방 효과도 얻을 수 있다.

브로콜리는 양파와 함께 먹으면 바이러스에 대한 저항력이 두 배로 높아
진다. 양파의 성분 중에 브로콜리의 면역력을 높여주는 인터페론의 분비를
촉진하는 물질이 있기 때문이다. 브로콜리를 살짝 데친 후 양파와 함께 볶
고 소금으로 간을 하면 된다. 브로콜리는 베타카로틴의 함량이 높아 기름에
볶아 먹으면 비타민A의 흡수율을 높일 수 있고, 참기름과 함께 조리하면 비
타민E를 더 섭취할 수 있다.

토마토 **익혀** 먹으면 영양 **두 배**

세계 10대 건강식품 중 하나이며 노화를 방지하는 식품 중 최고로 꼽히는 토마토. "토마토가 빨갛게 익으면 의사 얼굴은 파랗게 질린다"는 유럽 속담이 있다. 토마토를 꾸준히 먹으면 병에 걸릴 일이 없어 의사가 필요 없다는 의미다.

토마토에는 라이코펜, 베타카로틴, 셀레늄, 비타민C·E, 구연산, 각종 미네랄 등이 풍부하다. 특히 붉은색을 띠는 색소 성분인 라이코펜은 폐암·위암 등의 각종 암뿐 아니라 중년 남성의 적이라 할 수 있는 전립선 질환 예방에 도움이 된다. 또한 몸에 해로운 활성산소를 억제하고 면역력을 강화해 노화방지 효과도 탁월한 식품으로 알려져 있다.

토마토의 라이코펜은 카로티노이드계 색소의 일종으로 토마토뿐 아니라 붉은색을 띠는 식품에 들어 있다. 과일이 익어가는 과정에서 생기는 라이코펜은 햇빛을 받으면 더 많이 만들어진다. 빨갛게 잘 익은 것일수록 라이코펜 함량이 높다는 뜻. 따라서 토마토를 먹을 때는 가급적 푸른색을 띠는 것보다는 붉은색이 짙은 것을 선택하는 게 좋다. 라이코펜은 하루에 5~20mg

맛있는 토마토 고르는 법

색이 짙고 단단하며, 껍질이 탄력 있고 들었을 때 무게감이 느껴지는 것이 좋다. 잘 익은 토마토는 꼭지 부분에 노란색 별 모양이 생긴다. 이 별 모양이 클수록 단맛이 강할 확률이 높다. 토마토는 후숙 과일이라 냉장 보관하면 맛과 향이 떨어지므로 15~18도씨(약물 그대로 사용)의 서늘한 곳에 놔두자.

정도 섭취하는 게 좋은데, 토마토 주스로 치면 한 컵, 큰 토마토는 2개, 방울토마토는 20개 정도에 해당한다.

흔히 채소는 생으로 먹으라고 권한다. 채소를 익히면 수용성 비타민과 엽록소 등 몸에 좋은 성분이 열에 의해 파괴되기 때문이다. 하지만 토마토의 경우는 좀 다르다. 열을 가하면 토마토의 세포벽이 파괴되면서 라이코펜이 녹아나와 양이 늘어나고 체내 흡수도 잘된다.

토마토의 라이코펜을 가장 효과적으로 섭취하는 방법은 88℃에서 15분간 조리해 먹는것. 토마토를 올리브유 등의 기름에 가열해 먹을 경우 생으로 먹었을 때보다 라이코펜 흡수율이 9배 정도 높아진다는 연구 보고가 있다. 생토마토보다 케첩이나 퓌레 등 토마토 가공식품의 라이코펜 함량이 높은 것은 바로 이런 이유에서다.

육류를 먹을 때 토마토를 함께 먹으면 체내에 흡수되는 콜레스테롤의 산화를 억제해 동맥경화나 고혈압 등을 막아준다. 또 토마토의 신맛이 위액의 분비를 촉진시켜 단백질의 소화를 도와주기도 한다. 열량이 낮아 저칼로리 식품인 토마토는 비만이나 당뇨 환자도 부담없이 먹을 수 있는 식품이다.

서양에서는 토마토를 샐러드 등의 요리 재료로 많이 이용하지만 우리는 여전히 신선한 과일처럼 먹는다. 토마토가 다른 과일에 비해 단맛이 적어 설탕을 뿌려먹기도 한다. 특히 아이들은 달콤한 설탕 맛 때문에 토마토를 먹는지도 모른다. 그러나 토마토와 설탕은 좋은 궁합이 아니다. 우리 몸 안에서 설탕을 분해하는 데 토마토에 들어 있는 비타민B1이 이용되기 때문에 영양가가 손실된다.

한입에 쏙 들어가 먹기가 간편한 방울토마토는 일반 토마토 보다 크기는 작지만 영양 면에서는 큰 차이가 없다. 푸른색을 띨 때 수확하는 일반 토마토는 후숙 과정을 거치지만 방울토마토는 빨갛게 익은 후 따기 때문에 더 많은 라이코펜을 섭취할 수 있다.

양파 **껍질** 얕보지 **말자**

만나면 만날수록 새로운 모습을 보여 알수록 매력적인 사람을 일컬을 때 '양파 같은 사람'이라고 한다. 그렇다고 양파가 마냥 끝없이 벗겨지느냐, 그건 아니다. 양파는 8겹으로 돼 있다. 양파는 인류 역사와 함께 신비한 치료의 힘을 지닌 식물로 여겨져왔다. 알렉산더 대왕은 전쟁에서 이기기 위해 군사들에게 양파를 먹였고, 기원전 3000년경 고대 이집트에선 피라미드를 쌓는 노동자들에게 힘을 내라고 양파를 제공했다고 한다.

양파는 고혈압·동맥경화 등의 성인병 예방에 좋은 식품으로 알려져 있다. 기름진 음식을 많이 먹는 중국인의 심장병 발생률이 미국인의 10분의 1에 불과한 것은 바로 양파 덕이다. 짜장면 등 중국 음식에는 양파가 많이 들어간다. 양파가 음식의 느끼함을 없애주기도 하지만 혈액 속의 불필요한 지방과 콜레스테롤을 없애 혈전이 생기지 않도록 도와준다.

이런 양파의 힘은 껍질에 들어 있는 황색 색소인 '퀘르세틴'이라는 성분에서 나온다. 퀘르세틴은 모세혈관을 튼튼하게 해주고, 혈관 내 지방 분해 효과가 탁월해 혈액의 점도를 낮춰준다. 또 혈중 콜레스테롤 수치를 떨어뜨려 혈액순환을 원활하게 해줘 심장병을 예방하는 효과가 있다.

이 퀘르세틴은 속껍질보다는 황색을 띠는 겉껍질(100g당 322mg)에 10배가량 더 많다. 흔히 요리할 때 껍질은 까서 버리고 알맹이만 먹는 경향이 있다. 몸에 좋은 성분을 고스란히 버리는 셈이다. 양파 껍질을 씻어 말려두었다가 물에 넣고 끓여 보리차처럼 마시면 유익한 성분을 섭취할 수 있다.

양파를 까거나 썰 때 눈물 범벅이 된다. 이는 양파의 자극성 냄새 성분인 황화아릴 때문인데, 황화아릴은 체내에서 알리신으로 변한다. 마늘의 매운맛 성분으로 유명한 알리신은 콜레스테롤이 혈관 벽에 달라붙는 것을 막아준다.

양파의 황화프로필은 인슐린 분비를 촉진시켜 혈당치를 떨어뜨리는 효과

**눈물 빼지 않고
양파 손질하기**

양파를 냉장고에 넣어 차갑게 해
서 사용하거나 잘 드는 칼로 재빨
리 썰어 물에 담근다. 양파를 물속
에 넣고 껍질을 벗긴다. 작은 파나
양파 조각을 입에 물고 썰면 다른
곳을 자극해 눈에 자극이 덜하다.

가 뛰어나다. 또 중성지방의 생성을 억제해 다이어트에도 좋다. 다만 황화프
로필은 열을 가하면 쉽게 날아가기 때문에 비만이나 당뇨 환자는 양파를 생
으로 먹는 게 낫다. 이 성분을 제외하고 양파의 거의 모든 성분은 요리할 때
별로 파괴되지 않아 굽거나 끓이거나 튀겨 먹어도 무방하다.

이 밖에 양파는 대장암·폐암·위암 등을 막아주고 만성피로와 각종 안질
환 예방에도 도움을 준다. 또 간의 해독 기능을 강화시켜 술을 덜 취하게 하
고 숙취 해소에도 좋다. 성장기 어린이의 뼈 성장과 노인들의 골다공증 예
방에도 효과적이다. 삼겹살을 먹을 때 양파가 같이 나오는 데는 이유가 있
다. 양파의 알릴시스테인 성분이 고기 등을 구울 때 생기는 발암물질을 억
제해주기 때문이다.

양파는 보통 성인을 기준으로 하루에 50g(큰 양파 4분의 1쪽) 정도가 적
당하다. 양파는 너무 크거나 작지 않고, 껍질이 붉고 투명하며 윤기가 흐르
는 것이 좋다. 양파를 만졌을 때 물컹하면 속이 썩은 것이기 때문에 단단하
고 무거운 것을 고른다.

맛있는 여름 과일 고르는 비법

여름은 과일의 계절이다. 샛노란 참외, 탐스러운 복숭아, 속살이 빨간 수박, 달달한 포도…. 갈증 날 때 먹는 과일 한 조각은 그야말로 상쾌함의 절정이다. 목줄기를 타고 내려가는 시원한 청량감은 속을 확 풀어주고 열도 식혀준다. 그런데 막상 과일을 사러 가면 어떤 것을 골라야 할지 아리송할 때가 있다. 그렇다고 주부의 자존심을 버리고 매번 가게 주인을 귀찮게 할 수도 없는 일. 여름 과일 제대로 고르는 법을 배워 더위에 지친 가족들에게 입맛과 생기를 찾아주자.

여름철 대표 과일은 누가 뭐라 해도 수박이다. 수박은 꼭지 반대쪽의 배꼽 부분이 작을수록 당도가 높다. 두드렸을 때 통통 튀는 맑고 투명한 소리가 나는 것이 속이 꽉 차 있고 맛있다. 소리가 둔탁한 것은 맛이 떨어지고 속에 균열이 생겼을 가능성이 크다. 또 표면에 흠이 없고 매끈한 것이 좋다. 색은 검은 줄무늬가 선명한지를 따져봐야 한다. 꼭지는 가늘고 구부러진 부분이 있고, 잔털이 없는 게 좋다. 꼭지의 싱싱한 정도는 언제 수확했는지 보여 줄 뿐 당도를 알아보는 척도는 아니다.

미네랄이 풍부한 알칼리성식품인 포도. 포도는 알이 굵고 색이 보라색보다는 까만 것일수록 달다. 껍질에 하얀 가루가 묻어 있고, 알과 알 사이의 공간이 촘촘한 것을 고른다. 포도 껍질에 묻어 있는 하얀 분을 농약으로 생각하는 사람들이 적지 않다. 이 하얀 분은 포도 당분이 껍질 밖으로 나온 것으로, 분이 뽀얗게 많이 올라온 것일수록 당도가 높다. 포도의 단맛은 송이의 위쪽(꼭지 있는 곳)이 가장 강하고 아래쪽으로 내려 갈수록 신맛이 강하기 때문에 살 때는 가장 아래쪽의 포도를 살짝 따 먹어보고 구입한다. 포도 낱알이 떨어져 나오거나 껍질이 주름진 것은 오래된 것

여름에 과일이 좋은 이유

수박·포도·참외·복숭아·토마토
의 100g당 수분은 각각 93%·
84%·89%·90%·95%다. 따라
서 여름 과일은 우리 몸에 수분
을 충분히 보충해주고 갈증을
없애는 데 제격이다. 비타민C
와 각종 미네랄, 과당 등이 있어
피로를 해소하고 신진대사를 원
활하게 하는 데 도움이 된다.

이므로 피한다.

　불로장생의 과일로 통하는 복숭아는 색이 전체적으로 불그스름하며 잔털이 고루 퍼진 것을 골라야 한다. 그래야 수분이 많고 맛도 좋다. 손으로 눌렀을 때 적당하게 단단하고 달콤하면서 향긋한 냄새가 나면 맛있을 확률이 높다. 또 크기가 작은 것보다는 큰 것을 고른다. 흔히 과일은 차게 해서 먹어야 시원하고 맛있다고 느낀다. 하지만 복숭아는 차게 하면 오히려 당도가 떨어지므로 냉장고에서 꺼내 30분 정도 됐다가 먹는 게 더 맛있다. 천도복숭아는 꼭지 부위가 푸른색이 없는 것을 선택한다. 손으로 만져 과육이 약간 들어가는 것이 익은 것이고, 너무 단단한 것은 덜 익어 맛이 없다.

　참외를 고를 때 제일 먼저 봐야 할 것은 색이다. 노란 부분이 짙은 황금색을 띠고 흰색의 줄무늬는 선명한 것이 좋다. 전체적으로 노란색과 흰색의 경계가 뚜렷하고 골이 깊은 것을 고르면 된다. 참외는 크기가 큰 것보다 중간 정도가 달다.

　자두는 껍질에 상처가 없고 표면이 매끈해야 한다. 너무 딱딱하면 신맛이 강하고 단맛이 적다. 대체적으로 과가 큰 것이 맛이 좋다. 포도와 마찬가지로 당도가 높은 자두는 껍질 표면에 분이 올라와 있다. 달콤하면서도 새콤한 자두 특유의 맛을 즐기려면 너무 붉거나 푸른색은 피하고, 노란색과 붉은색이 적절히 섞여 있는 것으로 고른다.

새우, 입맛은 당기는데 선뜻 손이…

　　　가을철 별미로 빼놓을 수 없는 게 새우다. 4~5월에 산란한 후 9~10월 살이 오동통하게 오른 새우는 소금구이나 찜·튀김으로 즐겨 먹는다. 그중에서도 입맛을 가장 자극하는 것은 뭐니뭐니해도 소금구이다. 프라이팬에 왕소금을 두툼하게 깔고 새우를 구우면 색이 발갛게 변하면서 고소한 냄새가 코를 절로 벌름거리게 한다. 그런데 새우를 먹을 때면 늘 신경 쓰이는 것이 있다. 콜레스테롤이 많다는 것. 새우를 좋아해 실컷 먹고 싶어도 혹시 하는 마음 때문에 늘 갈등하게 된다. 새우, 먹어? 말어?

　새우는 크기에 따라 대하(27㎝ 전후), 중하(15㎝ 전후), 소하(6㎝ 전후)로 나뉜다. 대하는 덩치가 큰 새우로 새우 중에서 으뜸으로 친다. 새우는 영양상으로 단백질·칼슘·타우린·키토산 성분이 풍부하다. 열량(대하 생것 기준)은 100g당 82kcal로 돼지고기의 241kcal와 비교하면 칼로리가 낮다. 반면 단백질 함량은 돼지고기와 비슷한 수준이다.

　새우에는 여러 가지 무기질도 풍부하게 들어 있다. 그중 가장 풍부한 것이 칼슘. 새우의 칼슘 함량은 일반적인 어류의 3~4배, 육류보다는 7~8배 정도 많다. 칼슘은 골격을 형성하는 성분으로 어린이의 성장에 도움이 되고, 여성과 노인의 골다공증 예방에 효과적이다.

　저칼로리 고단백 식품인 새우를 먹기 주저하는 것은 콜레스테롤 때문이다. 새우의 콜레스테롤 함량은 100g당 130mg으로 달걀(470mg)보다 낮다. 또 다행스럽게도 새우에는 콜레스테롤 수치를 낮춰주는 타우린과 키틴·키토산 성분이 있어 어느 정도 상쇄된다. 새우를 아주 자주 먹지 않는다면 크게 신경 쓰지 않아도 괜찮다. 그래도 걱정된다면 새우를 튀기지 말고 찌거나 구워 먹으면 된다.

　꼬리를 힘차게 팔딱이는 새우는 예로부터 강장 식품이라 여겨왔다. 양질의 단백질과 칼슘 이외에 무기질·비타민B 등이 풍부하기 때문이다. 또 새

**새우를 삶으면
색이 변하는 이유**

새우나 게 같은 갑각류의 껍질에는 아스타크산틴이라는 물질이 들어 있다. 이 물질은 원래 붉은색인데, 새우나 게가 살아 있을 때는 아스타크산틴이 단백질과 결합해 갈색이나 회색처럼 보인다. 그러다가 열을 가하면 이 성분이 단백질과의 결합에서 풀리면서 원래의 붉은색이 나타나는 것이다. 껍질이 붉은색으로 변한다고 해서 영양성분이 달라지지는 않는다.

우는 신장을 강하게 해주고 남성의 양기를 북돋워주는 식품으로 알려져 "총각은 새우를 삼가야 한다"는 말이 있다. 중국에서는 "혼자 여행할 때 새우를 먹지 말라"는 말이 의서를 통해 전해오고 있다. 새우는 산란기에 많으면 한 번에 10만 개 이상의 알을 낳는다. 새우의 강한 번식력 때문인지 옛날에는 많은 자손을 원하는 사람들이 며느리에게 새우알을 먹이기도 했다고 한다.

새우의 껍데기에는 키틴과 키토산 성분이 들어 있다. 키토산은 콜레스테롤 수치를 낮추고 혈압을 떨어뜨릴 뿐 아니라 면역력 향상에 도움을 주는 건강기능 성분으로 잘 알려져 있다. 새우의 머리부터 껍데기를 다 먹어야 건강에 좋은 것으로 아는데, 새우나 게 껍데기에 들어 있는 키틴은 먹어도 거의 흡수가 안된다.

홍성필 한국식품연구원 식품산업정책연구단 연구원은 "시중에 나와 있는 키토산은 키틴을 가공해 소화·흡수할 수 있도록 만든 것"이라며 "새우 껍데기를 먹는다고 키틴을 흡수할 수 있는 것은 아니며 오히려 껍데기가 목에 걸리거나 장 손상, 알레르기 등을 유발할 가능성이 있다"고 말했다.

오리고기, 뺏어서라도 먹으라는데

"돼지고기는 누가 사준다고 하면 먹고, 닭고기는 내 돈 주고 사 먹고, 오리고기는 남이 먹고 있는 것이라도 뺏어 먹으라"는 말이 있다. 그만큼 오리고기가 우리 몸에 좋다는 뜻일 것이다.

요리로 유명한 중국이나 프랑스 등 서구에서는 오리고기가 오래전부터 최고급 요리로 통했다. 그중에서 '베이징 덕'이라고 불리는 중국의 북경오리구이는 구운 오리 껍질을 밀전병에 얹어 파와 오이 썬 것을 양념장에 찍어 싸 먹고, 그다음 고기와 오리 뼈를 곤 국물을 먹는다. 이 북경오리구이는 미국과 유럽 등 서양에서도 유명하다. 프랑스 요리 중에서는 거위의 간을 이용한 '푸아그라'가 최고 요리에 속한다. 살찐 거위의 간은 지방 함량이 높아 맛이 부드러워 프랑스 귀족들이 즐겨 먹었다고 한다.

우리나라는 오리고기 특유의 냄새와 독특한 맛 때문에 닭을 더 즐겨 먹었다. 우리 속담에 "닭 잡아먹고 오리발 내민다"는 말이 있다. 닭을 잡아먹었느냐는 추궁에 "아니, 오리 먹었다"며 오리발을 내밀었다는 얘기다. 닭 값이 오리 값보다 비쌀 때 생긴 말이 아닐까 싶다. 하지만 요즘은 오리고기가 건강식으로 널리 알려지면서 닭보다 더 귀하고 값나가는 몸이 됐다.

오리고기는 단백질 함량이 높고 소화흡수가 잘되는 영양식이다. 100g 기준으로 단백질16g, 지방 27.6g, 칼륨 233㎎, 칼슘 15㎎, 비타민B 0.21㎎, 비타민B 0.31㎎ 등이 들어 있다. 또 필수아미노산과 미네랄이 다양하게 들어 있어 보양식으로도 손색이 없다. 고단백 식품인 오리고기는 성장기 어린이의 성장과 면역력 증진에 도움을 줄 뿐 아니라 노약자나 고혈압·골다공증 환자 등에게도 좋다.

오리고기에 지방이 많은 것은 사실이지만 60~70%가 몸에 유익한 불포화지방산이다. 불포화지방산은 콜레스테롤 수치를 낮춰 동맥경화와 고혈압 등 각종 성인병 예방에도 효과가 있다. 쇠고기와 돼지고기에는 없고 닭고기

오리와 조류인플루엔자(AI)

조류인플루엔자는 조류에 감염되는 급성 바이러스성 전염병으로 주로 닭, 오리, 칠면조 등의 가금류에 해를 입힌다. 한국에서는 제1종 가축전염병으로 분류하고 있다. 하지만 조류인플루엔자 바이러스에 감염됐나 하너라노 70℃에서 30분, 75℃에서 5분, 80℃에서 1분 이상 가열하면 바이러스는 모두 죽는다. 100℃에서는 즉시 사멸한다. 따라서 익혀 먹으면 무방하다.

에는 오리고기의 절반 수준인 30~40%가 들어 있다. 오리고기가 다른 육류보다 '한수 위'라고 하는 이유가 여기에 있다.

보통 육류는 산성식품인데, 오리고기는 유일하게 알칼리성식품이다. 그래서 육류 섭취 증가로 산성화돼가는 우리 몸의 영양 균형을 잡아주고 노화방지와 피부 미용, 면역력 향상에 도움을 준다. 다만 오리는 찬 성질을 가지고 있고 지방 함량이 높아 다른 찬 음식과 같이 먹으면 소화가 잘 안된다. 오리고기를 먹고 난 후엔 찬 성질을 보완해주기 위해 대추차 등을 마시면 좋다. 또 오리는 마늘·부추와 궁합이 잘 맞는다. 마늘과 부추가 오리 특유의 냄새를 잡아줄 뿐 아니라 오리의 영양을 보강해주는 역할도 한다.

오리고기의 기름을 다이어트의 적으로 오해하는 이들도 많다. 오리고기의 열량은 100g당 318kcal로 닭고기의 180kcal보다 높지만 지방 자체가 몸에 좋은 불포화지방산으로 구성돼 있어 크게 걱정하지 않아도 된다. 그래도 열량이 부담된다면 기름이 집중돼 있는 껍질을 벗겨내고 먹으면 된다.

견과류, 껍질 속의 **영양**

한때 견과류는 건강에 해로운 식품으로 평가돼 기피하는 식품이었다. 식물성이지만 지방이 많고 열량이 높다는 이유에서였다. 하지만 견과류에 풍부한 불포화지방산이 심혈관계 질환을 예방하는 효과가 탁월하다고 알려지면서 상황은 반전됐다. 이제는 건강을 위해 꼭 챙겨 먹어야 할 '슈퍼 푸드'로 자리 잡았다.

견과류는 딱딱한 껍데기에 싸인 열매를 말한다. 밤·호두·땅콩·은행·잣 등이 여기에 속한다. 견과류는 올레산·리놀레산 등 불포화지방산이 많아 나쁜 콜레스테롤 수치를 낮춰주고 혈액순환을 원활하게 돕는다. 암세포의 발생과 생육을 억제하는 폴리페놀화합물도 다량 함유하고 있다. 뇌세포의 재생과 두뇌 활동을 도와주는 비타민E도 풍부해 성장기 어린이와 노인에게 좋다. 또 견과류를 꾸준히 먹으면 노화를 막을 수 있는 것은 물론, 매끄럽고 탄력 있는 피부를 유지할 수 있다.

견과류 중에서 인간의 뇌와 닮은 호두는 뇌세포의 구성 성분인 레시틴과 칼슘이 다른 견과류에 비해 많다. 두뇌를 발달시키고 기억력·집중력을 높이는 데 효과적이라 아이들에게 좋다. 호두에는 오메가3지방산이 풍부해 노인의 치매 예방뿐 아니라 어린이의 학습 능력 향상을 위해서도 추천되는 식품이다.

은행은 단백질·비타민·무기질 등이 골고루 들어 있다. 또 혈액순환을 돕고 피를 맑게 해준다. 하지만 약간의 독성이 있어 불에 굽거나 삶는 등 익혀 먹어야 한다. 어른은 하루 8~10개, 아이는 5개 이하가 적당하다.

잣은 불포화지방산을 포함해 칼슘·칼륨·인 등 각종 영양소가 풍부하다. 때문에 이유식과 환자의 영양식으로 많이 이용된다. 호두나 땅콩에 비해 철분(100g당 5.6㎎)이 많아 빈혈 치료와 예방에 효과적이다.

땅콩은 단백질과 필수아미노산이 풍부해 근육을 튼튼하게 한다. 가능하
면 볶아 먹기보다 껍질째 쪄서 먹는 게 좋다. 땅콩의 연한 갈색 껍질은 섬유
소가 풍부해 칼로리를 낮춰준다.

밤은 탄수화물·단백질·비타민 등 각종 영양소를 고루 함유하고 있다. 위
장 기능과 근력을 강화하고 피부 미용과 피로 해소 효능이 있다.

견과류를 적절하게 섭취하면 건강에 도움이 된다. 하지만 열량이 높으므
로 너무 많이 먹으면 체중이 늘어날 수 있다. 따라서 잣은 하루에 25~30알,
땅콩은 20~30알, 호두는 5~7알, 아몬드는 15~20알 정도가 적당하다. 한
번에 다 먹기보다는 하루 3~5번에 나눠 먹는 게 좋다. 그리고 견과류를 섭
취할 때는 삼겹살과 같이 열량이 높은 음식은 피하도록 한다.

식물성이면서 산성식품인 견과류는 알칼리성식품인 우유·멸치·해조류
등과 함께 먹으면 좋다. 반면 육류나 치즈는 피하는 게 낫다. 동물성 단백질
과 지방을 견과류의 식물성 지방과 같이 섭취하면 소화가 잘 안되고 효능도
반감되기 때문이다.

참깨와 들깨, 작다고 **우습게 보지마**

우리는 깨를 짠 기름을 아주 좋아한다. 냄새만 맡아도 고소한 향이 나는 참기름과 들기름은 다른 음식의 맛과 향을 돋우는 데 조연 역할을 톡톡히 한다. 들깨는 요즘 '하늘이 내려준 축복'이라는 칭송을 받는다. 한국인에게 특히 부족한 오메가3지방산의 보고이기 때문이다. 음식에서는 조연 역할을 하지만 실제로는 주연 못지않은 영향력을 행사하는 참깨와 들깨의 진면목을 살펴보자.

참기름은 말 그대로 참깨를 볶아서 짜낸 기름이다. 들기름은 들깨를 짠 기름이다. 두 기름은 혈관 건강에 좋은 불포화지방산이 풍부하다. 불포화지방산은 혈관에 탄력을 줘 혈관이 경직되는 것을 막고 동맥경화를 예방해주는 효과가 있다. 참기름에는 불포화지방산 중에서도 오메가6지방산의 일종인 리놀레산이 40% 정도 들어 있다. 반면 들기름에는 오메가3지방산의 일종인 리놀렌산이 60%가량 들어 있다.

주로 참기름은 생나물을 무칠 때 고소한 맛을 내는 데 사용한다. 열을 가하면 향을 잃어버리기 쉽기 때문에 고온에서 조리한 음식은 불을 끄고 나서 넣어야 고소한 향을 살릴 수 있다.

대부분의 식물성 기름에 오메가6지방산이 풍부한 데 반해 들기름에는 오메가3지방산이 많다. 리놀렌산 함량이 60% 이상이라니, 참기름이 0.3% 함유하고 있는 것과 비교하면 실로 놀라운 수치다. 들깨 이외에 오메가3지방산이 풍부한 식품은 생선류와 견과류다. 오메가3지방산은 혈중 콜레스테롤 수치를 떨어뜨리고 뇌기능을 도와 기억력과 학습력을 높여 준다. 관절염 환자에게 권하는 성분이기도 하다. 관절염은 염증을 줄이면 증상이 나아지는데, 오메가3지방산이 염증을 완화하는 데 효과가 있기 때문이다. 들기름은 깻잎순·참나물·취나물·고구마순 등의 나물을 부드럽게 삶아 볶을 때나 정월 대보름에 먹는 묵나물을 볶을 때 사용한다.

탕 요리에 들깨가루가 빠지지 않는 이유

추어탕·뼈해장국·보신탕 등의 탕 요리에 들깨가루를 많이 넣어 먹는다. 왜일까? 돼지고기·쇠고기 등 육류에 들어 있는 동물성 지방은 혈중 콜레스테롤 수치를 높여 고혈압이나 동맥경화를 일으킬 수 있다. 그런데 들깨에는 식물성 지방인 리놀렌산이 함유돼 있어 콜레스테롤이 혈관에 쌓이는 것을 막아주는 작용을 한다. 또한 고기의 누린내를 잡아주는 역할도 한다.

달콤한 맛의 대표 주자인 설탕.
많은 사람들이
백설탕은 흑설탕을
표백한 것이라고
생각하는데,
정말 그럴까.

감 먹으면 변비에 걸릴까

가을은 "하늘은 높고 말은 살찐다"라는 천고마비의 계절이다. 황금빛 들판, 나무에 주렁주렁 달린 과일 등 먹을거리가 넘쳐나는 이 계절은 말(馬)뿐 아니라 사람도 살찌게 한다. 가을철 시장에서 가장 많이 볼 수 있는 과일이 감이다. "잎이 무성한 감나무 밑에 서 있기만해도 건강해진다"는 말이 있을 정도로 감은 열매는 물론 잎까지 몸에 좋다. 하지만 감을 먹으면 변비에 걸린다고 멀리하는 사람들이 꽤 있다. 정말 감을 먹으면 변비에 걸릴까.

감은 크게 단감과, 땡감이라 부르는 떫은감으로 나뉜다. 단감은 껍질이 두껍고 생으로 먹는 감이다. 떫은감은 껍질이 얇고 홍시나 곶감으로 만들어 먹는 감이다. 감은 생육 중에는 떫은맛을 내지만 익으면서 떫은맛이 사라진다. 감의 떫은맛은 타닌 성분 때문인데, 껍질과 심지 부분에 많다. 가끔 단감의 과육 속에 있는 검은색 반점을 볼 수 있는데, 이것이 타닌성분이 모여 생긴 것이다.

타닌은 물을 흡수하는 수렴 작용이 뛰어나 설사를 멎게 한다. 한편으로 장 속의 수분을 빨아들여 변비를 유발하기도 한다. 하지만 감이 익으면 타닌은 수용성에서 불용성으로 변하고 함량이 떨어져 먹었을 때 떫은맛이 느껴지지 않는다. 폴리페놀화합물인 타닌은 활성산소의 발생을 줄이고 발암물질의 활성화를 막아 암 예방에도 좋다.

김동만 한국식품연구원 융합기술연구본부장은 "감을 먹으면 변비가 생긴다는 말은 덜 익은 감이나 탈삽(떫은맛을 제거)하지 않은 떫은감을 먹었을 때 해당되는 얘기"라며 "잘 익은 감이나 떫은맛을 제거한 감을 먹으면 변비가 생기지 않는다"고 말했다. 또 감에는 식이섬유가 100g당 2.5g 들어 있다. 다른 과일에 비해 비교적 많은 양으로 장의 연동운동을 도와 변비를 막아

감의 가공 형태에 따라 건시·반건시·감말랭이로 분류한다. 반건시는 감 껍질을 깎은 후 자연·냉풍 등의 방법으로 수분을 40~45%로 줄인 것. 건시는 흔히 말하는 곶감으로 반건시와 같은 방법으로 만들지만 수분이 30% 이하다. 감말랭이는 껍질을 깎은 후 감을 4~5쪽으로 잘라 건조한 것으로 쫄깃쫄깃하다.

준다. 종합적으로 봤을 때 감 때문에 변비 걱정은 하지 않아도 된다.

감의 주성분은 당분으로 23g 정도 들어 있다. 대부분 포도당·과당·설탕으로 이뤄져 있어 소화흡수가 빠르고 피로 해소에도 효과가 있다. 특히 감에는 비타민A(100g당 474RE)와 비타민C(13㎎)가 풍부해 감기 예방과 시력 보호, 피부 미용에도 도움이 된다. 감은 옛날부터 숙취 해소의 특효약으로도 알려져 있다. 술 마신 뒤 머리가 아프거나 속이 메스꺼울 때 도움이 된다. 또 니코틴 해독 작용도 한다. 따라서 흡연자들이 단감을 즐겨 먹으면 암을 예방하는 데 도움이 된다.

이 같은 단감의 영양소를 충분히 섭취하려면 깨끗이 씻어 껍질째 먹는 게 가장 좋다. 껍질의 비타민C 함량이 과육보다 2배가량 많기 때문이다. 또 껍질을 깎더라도 가능한 한 얇게 깎아야 단맛을 충분히 즐길 수 있다. 당분이 껍질에 가까울수록 많이 들어 있기 때문이다. 특히 감잎에는 비타민C(5g에 551㎎)가 많고 고온에도 파괴되지 않아 겨울철에 차로 마시면 혈압을 안정시키고 눈의 피로를 푸는 데 더욱 효과적이다.

요즘 아이스홍시가 건강 간식으로 인기다. 말랑말랑한 감을 사서 냉동실에 넣어 뒀다 아이스크림처럼 먹거나 주스로 갈아 마시면 별미가 된다.

꿀단지 속 하얀 덩어리는 설탕?

결혼 후 한 달간의 신혼 기간을 허니문이라고 한다. 결혼 초기의 달콤함을 꿀(honey)로 표현한 것이다. 중세 유럽에서는 부부가 신혼을 맞이하면 신부가 한 달 동안 외출을 하지 않고 꿀을 원료로 술을 담가 남편에게 주고 임신을 유도했다고 한다. 이것이 허니문의 유래로, 다산을 뜻하는 벌의 상징성이 내포돼 있다.

어느 포털 사이트가 네티즌을 대상으로 '남자들이 바라는 최고의 내조'를 조사했는데, '술 먹은 다음 날 아침 아내가 아무런 말 없이 꿀물을 타다 준다'가 4위에 올랐다. 술이 잔뜩 취해 정신을 못 차리는 남편을 위해 꿀을 찾다 병 안에 꿀이 하얗게 덩어리져 굳어 있는 것을 본 적이 있을 것이다. 하얀 덩어리를 보며 설탕 탄 꿀을 속아서 샀다고 분노하며 속 쓰려했던 경험이 나에게도 있다.

이처럼 꿀을 오래 보관하다 보면 마치 설탕처럼 하얀 덩어리가 굳은 것을 볼 수 있다. 이것을 설탕으로 오해하는 사람들이 많은데, 이 하얀 덩어리는 설탕이 아니다.

이상철 한국양봉협회 연구소장은 "벌꿀의 주성분은 포도당과 과당인데, 포도당이 과당보다 많을 경우에 굳는 현상(결정)이 나타난다"며 "초본류에서 생산된 벌꿀(유채꿀·싸리꿀·잡화꿀 등)은 나무에서 생산된 꿀(밤꿀·아까시꿀 등)보다 포도당 함량이 높아 결정이 잘 생긴다"고 말했다. 유채꿀의 경우 채밀한 지 불과 며칠 만에 전체가 하얗게 굳기도 한다.

또 저장 온도가 15℃ 이하가 되면 결정이 쉽게 생기지만 그 이상일 땐 잘 생기지 않는다.

꿀 보관법

상온에 보관하되 뚜껑을 꼭 닫아야 한다. 냉장고에 보관하면 온도가 낮아 굳기 쉽다. 꿀에는 여러 가지 효소가 들어 있어 자체적으로 방부효과가 있기 때문에 냉장고에 넣지 않아도 된다. 흔히 꿀을 싱크대 안 양념 넣는 곳에 보관하기도 하는데, 이곳이 저장 장소로 가장 부적합하다. 꿀은 수분이나 냄새 등을 빨아들이기 때문. 게다가 뚜껑을 잘 닫지 않을 경우 묽어지고 본래의 맛을 잃게 된다.

이처럼 꿀이 굳는 현상은 꿀이 생산된 식물의 종류 그리고 저장 온도와 관계가 있다. 또 결정이 생겼다고 해서 품질이 변한 것은 아니다. 꿀이 굳었을 때는 45℃ 정도의 따뜻한 물에 꿀이 담긴 병을 통째로 넣고 저어주면 결정이 서서히 녹는다. 전기밥통에 30분간 넣어 둬도 결정이 풀린다.

꿀의 주성분인 포도당과 과당은 더 이상 분해되지 않는 단당류라 소화흡수가 잘된다. 꿀은 먹는 즉시 에너지로 변하기 때문에 원기 회복에도 좋다. 술 마신 다음 날 아침 꿀물을 마시면 숙취 해소가 빠른 것도 그런 이유에서다.

꿀은 그냥 먹어도 좋지만 인삼이나 도라지 같은 식품을 재워 먹어도 좋다. 편도선이 붓거나 기관지염증이 생겼을 때 꿀에 재운 도라지를 먹으면 증상이 완화된다. 얇게 썬 모과나 생강을 재웠다 먹으면 감기를 예방하는 데 도움이 된다. 또 꿀은 미용 효과도 탁월하다. 더운 성질을 가진 꿀로 얼굴 마사지를 하면 열이 나고 보습력이 탁월해 거친 피부를 촉촉하게 해준다.

꿀에는 각종 비타민과 다량의 효소가 들어 있어 팔팔 끓는 물보다는 70℃ 이하로 식힌 물에 타 먹는 게 영양소를 최대한 섭취할 수 있는 방법이다. 그리고 한 살 이전의 아이에게는 꿀을 먹이지 말아야 한다. 꿀에 보툴리눔균이 들어 있을 수 있어 이 균이 면역력을 완전히 갖추지 못한 어린이의 장 속에서 증식할 경우 자칫 위험을 초래하기 때문이다.

사과, 저녁에 먹으면 독 될까

〈구약성서〉에서 아담과 이브에게 부끄러움을 알게 해준 과일. 과학자 뉴튼은 이 과일을 통해 만유인력의 법칙을 발견했고, 철학자 스피노자는 "내일 지구가 멸망하더라도 한 그루의 이 나무를 심겠다"는 명언을 남겼다. 바로 사과다. '과일의 여왕'이라 불리는 사과는 아침에 먹으면 '금', 점심에 먹으면 '은', 저녁에 먹으면 '독'이라고도 한다. 그렇다면 저녁에 사과를 먹는 것은 오히려 먹지 않는 것보다 못한 걸까.

저녁에 먹는 사과를 독이라고 한 것은 사과산이 위의 산도를 높여 속을 쓰리게 하고, 섬유질이 장에 부담을 줄 수 있다는 생각에서 나온 것이다. 전문가들은 사과산은 위산보다 약해서 큰 영향을 끼치지 않기 때문에 '저녁 사과=독'이라고 하는 것은 좀 지나치다고 설명한다. 다만 장이 예민한 사람은 잠자기 전에 섬유질이 많은 사과를 먹으면 불편함을 호소할 수 있고, 화장실을 자주 들락거리느라 잠을 설칠 수 있기 때문에 피하는 게 낫다.

건강한 사람은 아침·점심·저녁 어느 때 먹어도 상관이 없다. 사과를 통해 섭취하는 섬유질이 문제가 된다면 다른 과일이나 음식을 먹어도 마찬가지일 테니 말이다. 하지만 다이어트 중이라면 얘기는 조금 달라진다. 에너지 소모가 적은 저녁에 사과를 먹을 경우 사과의 당분이 쓰이지 않고 그대로 남아 몸에서 지방으로 전환된다. 결국 체지방이 증가할 수 있다는 얘기다.

'아침 사과가 금'이라는 속설은 아침에 사과를 먹는 것이 저녁에 먹는 것보다 몸에 더 좋다는 것을 강조한 것으로 이해하면 된다. 일반적으로 아침에 우리 몸의 신진대사가 활발하게 이뤄지기 때문에 이때 사과를 먹으면 포도당이 공급돼 두뇌와 신체 활동이 원활해진다. 또 사과의 펙틴이라는 수용성 식이섬유가 장 운동을 촉진시켜 배변 활동에도 도움을 준다. 사람마다 생활 습관이 다르고 저녁에 과일을 먹을 수밖에 없는 상황이라면 저녁에 먹어도 나쁘지 않다.

사과 보관하는 법

사과를 보관할 때는 다른 과일이나 채소와 따로 둬야 한다. 사과의 에틸렌 가스가 주변 과일이나 채소의 숙성을 촉진시켜 금방 무르게 하고 시들게 만든다. 따라서 사과를 보관할 때는 냉장고의 다른 칸에 두거나 비닐에 싸두는 게 좋다. 반면 떫은감을 사과와 함께 보관하면 빠른 시간 내에 맛있는 감을 먹을 수 있다. 감자에 사과를 넣어두면 에틸렌 가스가 감자에 싹이 나는 것을 막아준다.

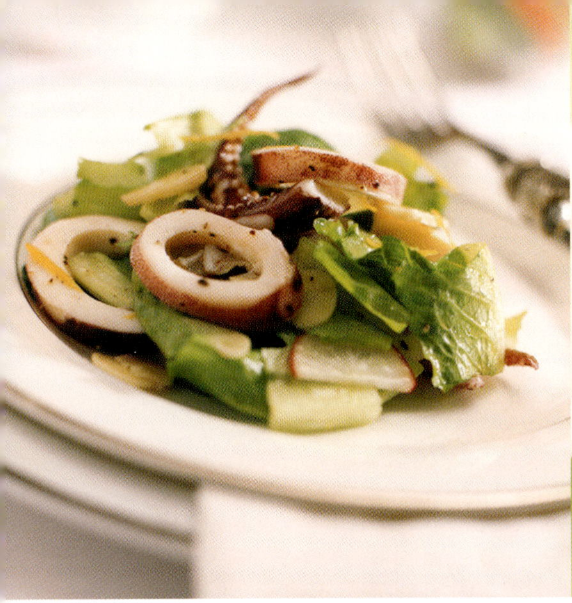
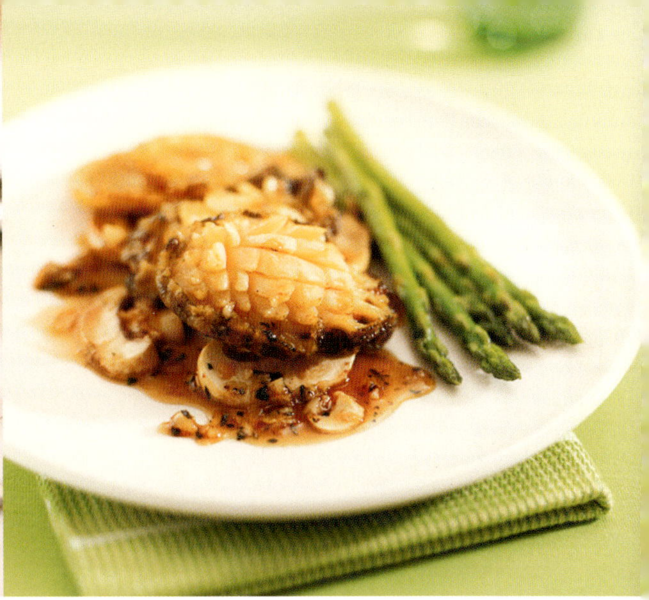

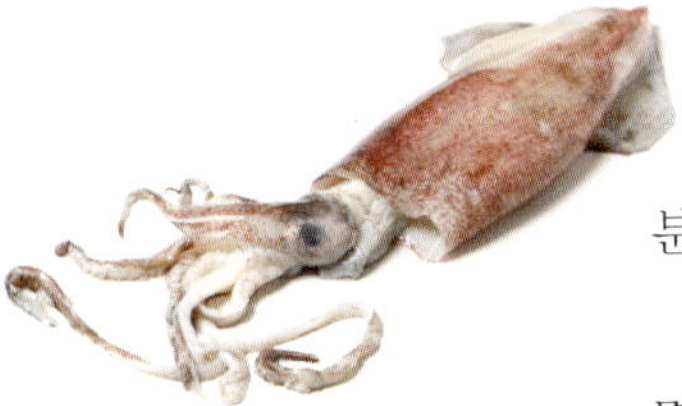

싱싱한 오징어 고르는 법

오징어는 투명하고 윤기가 나며 색이 진할수록 싱싱하다. 다리에 빨판이 모두 붙어 있고 상처가 없는 것을 고른다. 또 눈에 흰 부분이 많고 광택이 나는 것을 구입한다.

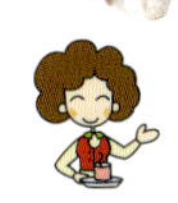

분비되는데, 타우린은 젖산을 줄여 피로 해소에 효과적이다.

특히 마른 오징어에는 타우린이 1,259mg이나 들어 있다. 마른 오징어 표면에 붙어 있는 하얀 가루가 바로 타우린이다. 따라서 마른 오징어를 구워 먹을 때 하얀 가루는 털어내지 말고 먹는 게 좋다. 단, 마른 오징어는 생오징어보다 단백질 더 많이 들어 있지만 열량이 높아 다이어트식으로는 추천되지 않는다.

요즘 각광받는 오징어 먹물은 항암 효과가 있는 것으로 알려져 있다. 먹물주머니의 검은색 성분은 몸을 보호하기 위한 멜라닌 색소다. 지중해 연안에서는 오래전부터 오징어 먹물을 건강식으로 여겨 파스타나 볶음밥 등의 요리에 이용해왔다.

우리가 즐겨 먹는 오징어와 땅콩, 오징어와 맥주, 오징어와 삼겹살은 궁합이 잘 맞는다. 땅콩에는 불포화지방산이 많아 오징어의 콜레스테롤이 체내에 쌓이는 것을 막아준다. 타우린이 많은 오징어는 맥주와 함께 먹으면 알코올 분해를 도와주고, 삼겹살로 인해 높아진 콜레스테롤 수치를 낮춰준다. 마른 오징어는 구운 후에 바로 먹는 것이 좋다. 굽고 나서 오래 두면 단백질 구조가 딱딱하게 변해 질겨진다. 그만큼 소화가 잘 안된다.

마른 오징어는 가로결로 찢어 먹으면 잘 끊어지지 않는데, 반대 방향인 세로로 자르면 똑똑 잘 끊어져 먹기가 편하다.

육우는 **젖소고기? 아니죠!**

한우 한번 먹자니 지갑 사정이 여의치 않고, 육우를 먹자니 젖소고기인 것 같아 망설여지고…. 모처럼 가족에게 고기 한번 실컷 먹여야지 하는 마음으로 정육점에 갔다가 가격을 보고 발길을 돌렸던 경험, 주부라면 한 번쯤 있을 것이다. 한우보다는 값이 저렴하고 국내산이라고 하기에 눈길은 가지만 선뜻 장바구니에 담아지지 않는 게 육우다.

아직도 육우를 젖소고기로 알고 있는 소비자들이 있다. 낙농육우협회가 지난 2010년 6월 20~40대 소비자 300명을 대상으로 설문조사한 결과, 전체 응답자의 32%가 '육우는 젖소고기'라고 답했다. 19%는 '육우는 한우'라고 답하는 등 전체 응답자의 절반 이상이 육우와 젖소고기·한우를 구분하지 못하는 것으로 나타났다.

육우(肉牛)는 말 그대로 고기를 얻기 위해 기르는 소다. 얼룩소(홀스타인종)가 낳은 수송아지로 전문 고기소로 키워진다. 반면 젖소는 우유나 송아지를 생산하기 위해 기르는 암소다. 국내법상 한우고기와 젖소고기를 제외한 모든 쇠고기를 육우라고 하지만 대부분 고기를 생산하기 위해 키우는 '얼룩소 수소'를 말한다.

흔히 육우를 젖소고기로 오해하는 것은 우유를 생산하는 젖소와 겉모습(얼룩 무늬)이 같기 때문이다. 하지만 육우는 수컷이기 때문에 우유를 짜는 젖이 없다. 젖소고기는 우유와 송아지 생산을 위해 키운 얼룩소 암소가 수명이 다 돼 도축한 고기다. 젖소고기와 육우는 엄연히 다르다.

일부에서는 육우가 육질이 질기고 맛이 없다고 평가한다. 하지만 육우는 한우와 똑같은

방식으로 키운다. 한우보다 성장이 빨라 사육 기간이 20~22개월로 짧다. 한우는 30개월 정도 키운다. 그만큼 육우가 한우보다 더 어릴 때 출하되기 때문에 육질이 연하고 지방량도 비교적 적다. 소는 골격이 먼저 자라고 근육·지방의 순으로 성장한다. 나이가 많을수록 몸에 지방이 많이 쌓이고, 근육 내 지방 함량도 늘어난다. 또 근육 내 단백질 경화 정도가 높아져 육질의 부드러움이 줄어들게 된다.

육우는 붉은색 고기가 많아 단백질 함량이 높고, 체내에 쌓여 있는 지방을 분해하는 'L-카르니틴'이 풍부하다. 여기에 국내에서 태어나 도축 즉시 냉장 유통되기 때문에 신선하다. 외국에서 장거리·장시간 수송되는 수입고기는 대부분 냉동 상태로 들여와 해동과 냉동을 반복하기 때문에 맛과 신선도가 떨어진다. 냉장육이라 하더라도 외국에서 도축돼 들어와 우리의 식탁에 오르기까지 최소 30일 이상 소요된다. 국내산 육우에 비해 신선도가 떨어진다고 봐야 한다.

국내산 쇠고기의 등급 기준은 한우·육우·젖소 구분 없이 똑같이 적용된다. 한우 1등급이나 육우 1등급이나 품질은 같다고 볼 수 있다. 하지만 같은 등급이라고 해도 시장 선호도가 한우보다 낮기 때문에 육우 가격은 한우의 60~70% 수준이다.

1등급이 최고급 육질일까?

쇠고기의 육질 등급은 1++, 1+, 1, 2,3으로, 육량 등급은 A·B·C로 표시한다. 보통 고기의 등급을 말할 때 사용하는 등급은 육질 등급이다. 이 등급은 육색·지방색·근내지방(마블링)·고깃결에 따라 달라진다. 흔히 '1등급' 하면 소비자는 최고 등급으로 생각하는데 실제로 그냥 1등급은 세 번째 등급에 속한다. 최고 등급은 1++이고 그 다음은 1+, 그 다음이 1이기 때문에 중간 품질인 셈이다.

흑설탕이 백설탕보다 영양가 많을까

우리가 혀로 느낄 수 있는 맛은 단맛·짠맛·쓴맛·신맛 네 가지다. 인생에서 맛볼 수 있는 맛은 단맛과 쓴맛, 두 가지다. 성공의 단 열매를 향한 욕망과 쾌감을 가져다주는 단맛에 대한 인간의 호감은 본능적인 것일까. 포유동물은 태어나면 제일 먼저 엄마의 젖을 빤다. 젖에 포함된 당 성분을 처음 맛보면서 본능적으로 단맛을 좋아하는 게 아닌가 싶다. 이 달콤한 맛을 대표하는 것이 설탕이다.

예전에 친구가 "백설탕은 표백처리를 해서 건강에 좋지 않다"며 "황설탕이나 흑설탕을 사용하라"고 충고했다. 친구 말에 따라 다 쓰지도 않은 백설탕을 버리고 흑설탕을 샀다. 그런데 흑설탕은 아무리 넣어도 백설탕의 단맛을 따라가지 못했다. 이후 우리 집 부엌에는 백설탕이 자리를 지키고 있다.

국내에 시판되는 설탕은 백설탕·황설탕·흑설탕이 있다. 많은 사람들이 백설탕은 흑설탕을 표백한 것이라고 생각하는데, 이는 오해다. 설탕의 원료는 사탕수수이고, 사탕수수에서 짜낸 즙이 원당이다. 원당은 투명한 노란 갈색을 띠는데, 이 원당을 정제처리해 처음 만들어지는 것이 백설탕이다. 정제할 때 사용하는 활성탄(숯)이 불순물을 걸러내면서 원당 속의 색소도 뽑아내 하얀색인 것이다.

백설탕에 열을 가해 녹이면 갈색으로 변하며, 이것을 결정처리한 것이 황설탕이다. 황설탕을 세 번째 가열 농축한 뒤 약간의 캐러멜을 첨가해 색을 만들고 촉촉한 느낌을 준 것이 흑설탕이다.

현재 시판되는 세 가지 설탕은 모두 당밀이 들어 있지 않은 정제당이다. 당밀은 설탕을 짜내고 남은 찌꺼기를 말하는데, 여기에 향미와 영양 성분이 들어 있다. 원래 진짜 흑설탕(black sugar)은 화학적인 정제 과정을 거치지 않고 사탕수수가 가지고 있는 당밀 성분이 있는 설탕을 말한다. 사탕수수에 있는 각종 무기질과 미네랄 성분이 남아 있어 백설탕보다는 몸에 좋다.

하지만 국내에서 판매하는 흑설탕(dark black sugar)은 거의 대부분 이미 만들어진 백설탕에 캐러멜 색소를 넣은 것이다. 영양적인 면에서 보면 백설탕이나 황설탕이나 흑설탕 모두 거기서 거기다. 오히려 흑설탕은 캐러멜 색소가 들어가 백설탕보다 몸에 해로울 수도 있다.

세 가지 설탕 중 가장 많이 사용하는 것은 백설탕이다. 원당을 정제한 후 제일 먼저 만들어지는 백설탕은 입자가 작고 순도가 높아 맛이 담백하다. 어느 요리에 사용해도 무난하다. 황설탕은 원당의 향과 함께 노란색을 띠어 제과 제빵용으로 적당하다. 흑설탕은 독특한 향과 색이 짙어 수정과·약식 등 색을 진하게 낼 필요가 있는 요리에 어울린다.

설탕은 오랫동안 보관해도 썩지 않는다. 당의 농도가 높아 삼투압 현상으로 인해 미생물이 자랄 수 없기 때문이다. 설탕은 수분을 빨아들이는 성질이 있어 보관할 때는 잘 밀봉하고, 냄새가 강한 식품과 같이 두지 말아야 한다.

설탕 대체 식품, 올리고당

설탕 대신 요리에 많이 쓰는 올리고당. 포도당과 과당 등의 단당류가 2~8개 혼합된 당으로 칼로리가 낮고 소화 속도가 느려 설탕보다 몸에 좋다고 알려져 있다. 시판 제품 중에는 프락토올리고당과 이소말토올리고당이 대표적이다. 프락토올리고당은 장내 비피더스균 증식 효과가 있고, 이소말토올리고당은 요리시 영양 손실이 적다. 다만 덜 달다고 해서 많이 먹었다간 비만을 초래할 수 있다.

제품 이름에 숨은 비밀

　　　　　　어릴 적 흰 우유보다 좋아했던 바나나맛·딸기맛 등 과일맛 우유. 과일이 들어 있는 고급우유(?)라 한 모금씩 아껴가며 먹었던 기억이 난다. 붕어빵에 붕어가 없는 것은 알았지만 '바나나 우유에 바나나가 없다'는 사실을 안 순간, 그 배신감이란….

　그동안 바나나맛 우유와 딸기맛 우유에는 바나나 딸기는 들어가지 않고 바나나향과 딸기향(합성착향료)이 첨가됐다. 그래서 '바나나 우유' '딸기 우유'라 하지 않고 '바나나맛 우유' '딸기맛 우유' 라고 한 것이다. 소비자들은 바나나 우유와 바나나맛 우유의 차이점을 전혀 알지 못했다. 어쨌든 바나나 딸기가 들어갔을 것이라는 착각에 빠져 있었던 것이다.

　이처럼 합성착향료로 맛을 낸 제품과 천연재료를 사용한 제품을 소비자들이 구분할 수 있도록 2010년 5월 가공식품의 표시기준이 바뀌었다. 천연재료를 쓰지 않은 가공식품의 제품명에 '～맛'이라는 표현을 금지하고 '～향'으로 표시하도록 했다. 또 원재료가 들어가지 않은 제품에는 포장지에 식품 원료 사진이나 그림 등의 이미지도 쓸 수 없도록 했다.

　예를 들어 바나나 바나나 과즙 등 실제 원재료를 사용하지 않고 합성착향료만으로 맛 또는 향을 낸 우유는 '바나나맛 우유'로 표시할 수 없고 '바나나향 우유'라고 해야 한다. 또 제품명 주위에 '합성 바나나향 첨가(함유)' 등 합성착향료를 넣었다는 사실을 표기해야 한다.

타르색소

색소는 천연 착색료와 화학적 착색료로 나뉜다. 화학적 착색료에서 가장 많이 쓰는 색소는 타르계다. 타르색소는 석유에서 추출되는 벤젠·톨루엔·나프탈렌 등을 원료로 만들어지는 착색료로, 주로 사탕·껌·아이스크림 등 가공식품에 사용된다. 국내에서 허가된 타르색소는 식용색소 적색2호·적색3호·적색40호·황색4호·녹색3호 등 총 9종이다.

다만 제품명으로 사용할 수 있는 원재료의 함량 기준은 정해져 있지 않다. 원재료가 조금이라도 들어갔으면 원재료명이나 성분명을 제품명으로 사용할 수 있다. 바나나 과즙이 1%만 들어가도 제품명을 '바나나 우유'나 '바나나 맛 우유'라고 쓸 수 있고, 그 함량(바나나과즙 1%)을 표시하면 된다.

게살이 실제 들어가지 않는 게맛살도 상황은 비슷하다. 업체들이 게맛살을 보통명사처럼 써 왔지만 게맛살이라는 표현은 사용할 수 없다. 게맛살의 주재료는 명태살이다. 여기에 게향을 넣어 게살의 맛을 낸 것이다. 제품명에 게맛살이라고 쓰려면 원재료가 조금이라도 들어가야 하고, 그 함량을 표시해야 한다.

빙과류도 마찬가지다. 합성착향료로만 수박·사과·멜론 등의 맛을 낸 제품은 포장지에 과일의 이미지를 사용할 수 없지만, 천연재료가 조금이라도 들어갔으면 제품명으로 쓸 수 있고 포장지에 사진이나 그림을 넣을 수 있다. 실제 원재료명이 제품명으로 사용됐거나 포장지에 이미지를 넣어 판매하는 제품의 천연재료 함량은 1% 미만에서 5% 미만이다. 대부분 합성착향료와 색소가 원재료의 부족한 맛과 향을 채워주고 있다. 소비자들은 제품에 과일의 그림이 새겨져 있어 과일 함유량이 높은 것으로 오해할 수도 있다.

이처럼 혼동하기 쉬운 만큼 보다 정확한 정보를 제공하기 위해서는 식품 표기법의 개선이 필요하다. 이는 소비자들이 두 눈을 똑바로 뜨고 식품정보를 꼼꼼히 살필 때에 비로소 가능해진다. 그래야 무엇이 바뀌어야 하고, 어느 부분이 보완돼야 하는지 판단하고 요구할 수 있다. 이제 더 이상 제품에 쓰인 선정적인 문구나 광고에 현혹되지 말고 건강에 해로운지 정확하게 구별해 선택하는 지혜가 필요하다.

달걈에 대한 속설

특별한 반찬이 없을 때 가장 쉽게 활용할 수 있는 식재료가 달걀이다. 요리하기가 간편해 세계적으로 사랑받는 식품이기도 하다. 한때 달걀은 콜레스테롤이 많다는 이유로 기피 식품 취급을 받기도 했지만, 달걀을 둘러싼 오해가 하나씩 풀리면서 그 가치가 더욱 빛을 발하고 있다. 우리에게 친근하지만 속설도 많은 달걀에 대한 모든 궁금증을 풀어보자.

많은 소비자들이 달걀노른자의 색이 진할수록 영양가가 높다고 생각하는 경향이 있다. 하지만 노른자의 색은 영양과는 아무런 관계가 없다. 노른자의 색소 함유량은 주로 닭의 먹이에 따라 달라진다.

언제부터인가 흰색 껍데기를 가진 달걀은 시중에서 찾아보기가 힘들어졌다. 대부분 갈색이다. 갈색 달걀이 영양적으로 더 뛰어나다는 인식이 퍼지면서 소비자들이 흰색 달걀을 외면한 결과다. 하지만 갈색 달걀과 흰색 달걀은 닭의 품종이 달라 색깔이 다른 것일 뿐 영양 면에서는 아무런 차이가 없다. 흰색 달걀은 흰색 닭인 흰색 레그혼종이 낳은 것이고, 갈색 달걀은 갈색 닭인 로드아일랜드 레드종 등이 낳은 알이다.

달걀을 깨면 노른자 옆에 하얀 끈 같은 게 붙어 있다. 이것은 노른자가 한가운데에 잘 있도록 하는 역할을 한다. 이 하얀 알끈이 콜레스테롤 함량이 높다고 해서 떼어내고 먹는 사람들이 있다. 하지만 이 알끈의 주성분은 단백질이고 우리 몸의 세포를 지켜주는 중요한 성분을 함유하고 있기 때문에 그대로 먹는 것이 좋다.

또 유정란이 무정란보다 영양가가 높은 것으로 알고 있고, 값도 비싸게 판매되고 있다. 유정란은 말 그대로 암탉과 수탉이 수정을 통해 낳은 알이고, 무정란은 성숙한 암탉의 몸에서 수정 없이 낳은 알로 영양 성분 면에서 별 차이가 없다고 한다.

대형 마트의 달걀 판매 코너에 가면 왕란·특란·대란 등으로 쓰인 푯말

날달걀이 목에 좋다?

날달걀을 먹으면 목에 좋다는 속설이 있다. 그래서 노래 부르기 전에 날달걀에 구멍을 내서 먹기도 한다. 날달걀은 인두와 후두를 부드럽게 하는 효과는 있으나 음성 자체를 만드는 성대에는 영향을 주지 않는다. 날달걀이 입으로 들어가는 순간 후두개라는 기관이 성대를 덮어버리고, 달걀은 그 옆 식도로 흘러 들어간다. 즉, 달걀이 소리를 만드는 성대에 닿지 않기 때문에 영향을 미치지 못하는 것이다.

이 있다. 그냥 봐서는 뭐가 다른지 차이를 알기 어렵다. 축산물등급판정소 중량 규격에 따르면 달걀은 무게가 68g 이상이면 왕란, 60~68g 미만은 특란, 52~60g 미만은 대란, 44~52g 미만은 중란, 44g 미만은 소란으로 구분한다.

시중에 유통되는 달걀의 80% 정도는 특란이다. 소비자들이 크기가 큰 달걀이 영양가가 더 높다고 생각해 작은 달걀은 잘 팔리지 않기 때문이다. 하지만 크기가 크다고 해서 영양가가 더 높거나 신선한 것은 아니다. 오히려 정반대다. 크기가 작은 달걀이 더 신선하고 영양가도 더 풍부하다. 큰 달걀은 나이 든 닭이 낳지만 작은 달걀은 신진대사가 왕성한 어린 닭, 즉 영계가 낳는다. 닭은 나이가 들수록 생산하는 달걀의 크기가 점점 커지지만 신선도는 더 떨어진다.

텔레비전 드라마에서 부부 싸움을 하다 남편에게 맞은 부인이 퍼렇게 멍든 눈을 달걀로 문지르는 모습을 본 적이 있을 것이다. 정말 효과가 있는 걸까. 달걀로 멍든 부위를 문질러 주면 혈액순환이 잘되고 응고된 피를 빨리 사라지게 하는 마사지 효과가 있다고 한다. 많은 물건 중에서 하필 달걀로 문지르는 이유는 손으로 쥐기가 편하기 때문이다.

사골국, 골절상에 **도움** 될까

오래전 엄마가 의자에서 내려오다 발을 헛디뎌 뼈가 부러지는 사고를 당하셨다. 그때 친척들이 소뼈를 한 꾸러미씩 들고 병문안을 오셔서는 뼈가 다쳤을 때는 사골국을 먹어야 금방 낫는다고 이구동성으로 말씀하신 기억이 난다. 이후 나는 '사골국=뼈를 붙이는 접착제'로 맹신해왔다.

사골은 예로부터 몸에 좋은 보신 음식 중 하나로 손꼽혀왔다. 소의 네 다리뼈를 오랫동안 고아 우려낸 사골국은 단백질과 칼슘 등이 풍부해 면역력을 높여주고 원기 회복에 효과가 큰 것으로 알려져 있다. 그래서 기력이 떨어졌거나 큰 병을 앓고 난 후, 또는 성장기 어린이들에게 권장하는 것이다.

흔히들 사골국이 골절이나 관절염·골다공증 환자 등에 좋은 것으로 알고 있다. 사골국에 칼슘 성분이 많아 뼈를 붙게 할 뿐 아니라 약해진 뼈를 튼튼하게 만드는 데 도움이 된다고 믿기 때문이다. 사골국 100㎖에는 칼슘이 15㎎ 들어 있다. 우유 100㎖에 칼슘이 105㎎ 들어 있는 것과 비교하면 낮은 편이다. 물론 사골국이 칼슘 섭취에 도움이 되지 않는 것은 아니다. 하지만 그 효과가 기대만큼 크지는 않다. 사골국에는 칼슘과 함께 인 성분이 들어 있는데, 인이 칼슘의 흡수를 방해하고 몸 밖으로 빠져나갈 때 몸에 있는 칼슘을 같이 끌고 나가기 때문이다.

사골국의 간을 맞추기 위해 넣어 먹는 소금도 문제다. 소금의 나트륨 성분이 뼈에서 칼슘을 녹아 나오도록 하기 때문에 혈압이 높거나 뼈가 약한 사람은 소금 간을 하지 않고 먹는 게 좋다. 또 사골국은 지방 함량과 열량이 높기 때문에 비만이나 고혈압·동맥경화를 앓고 있는 경우에는 되도록 섭취를 자제하는 편이 낫다.

골다공증 예방하려면

골다공증을 예방하기 위해서는 칼슘과 비타민D의 섭취가 중요하다. 칼슘은 우유·유제품·해조류·뼈째 먹는 생선 등에 많이 들어 있다. 비타민D는 음식뿐 아니라 햇볕을 통해 피부에 합성되기 때문에 하루 15분 정도의 가벼운 산책이 도움이 된다.

보통 사골을 사면 국물이 말갛게 될 때까지 몇 번이고 우려내 먹는다. 그렇다면 몇 번 우려내는 것이 가장 좋을까. 6시간씩 세 번 정도 우려내는 게 적당하다고 한다. 단백질·칼슘·콜라겐 등의 영양 성분이 가장 많고 맛이 가장 좋은 때는 두 번째 우려낼 때다. 네 번 이상 끓인 것은 영양가가 거의 없다고 보면 된다. 사골국의 기름은 콜레스테롤 함량이 높아 걷어내고 먹는 것이 좋다.

일부 사람들은 소의 앞다리가 뒷다리보다 국물 맛이 더 진하다고 주장하는데, 실제로 맛이나 영양 성분에는 큰 차이가 없다. 좋은 사골은 사골의 단면이 꽉 차 있고, 흰색이나 분홍색을 띤다. 한우 중에서도 육질 등급이 높은 고기에서 나온 뼈를 선택하는 것이 좋다. 사골국을 냉장 보관할 때는 일주일 정도가 적당하고, 냉동 보관할 때는 6개월까지 가능하다.

사골에는 혈액을 생산하는 공장인 골수라는 조직이 있어 뼈 속에 잔혈이 남아 있으므로 조리하기 전에 핏물을 제거해야 담백하다. 사골을 흐르는 물에 씻어낸 다음 12~18시간 정도 차가운 물에 담가 핏물을 없애는 것이 바람직하다. 핏물이 충분히 빠진 후 사골을 끓는 물에 넣고 끓여 한 번 씻어준 다음 강한 불에서 다시 끓여주면 잡냄새가 없어진다. 처음 끓인 사골국은 아무래도 기름기가 많기 때문에 서늘한 곳에 뚜껑을 덮어 하룻밤 정도 놔둔 후 위에 굳은 기름을 걷어낸다.

과즙 100% 주스의 **진실**

동네 슈퍼마켓에서 '1+1' 행사로 파는 주스를 샀다가 낭패를 본 일이 있다. 평소에 먹던 제품이라 별 의심 없이 샀는데, 막상 마셔보니 뭔가 2% 부족했다. 그래서 성분표시를 자세히 봤더니 '농축액 50%'라고 쓰여 있었다. 당연히 100%겠지 했는데 아니었다. 그러면서 가슴에 새긴 말. "꺼진 불도 다시 보고, 싼 제품도 다시 보자."

요즘 가공식품에서 가장 많이 사용하는 단어는 '100%'다. 특히 텔레비전에서 '갓 짜낸' '신선함이 살아 있는' 등의 수식어가 붙은 주스 광고를 보면 건강을 위해서 꼭 챙겨 먹어야 할 것 같은 기분이 든다.

시판되는 과일주스는 '농축 과즙 100%' 주스가 대부분이다. 대개 제품명 옆에 '천연 과즙 100% 주스' '오렌지주스 100%'라고 쓰여 있다. 100% 주스라고 하면 과즙을 바로 짜서 그대로 병에 담은 것으로 생각하기 쉽다. 만약 그렇게 알고 있었다면 빨리 환상을 버려야 한다.

국내에서 유통되는 100% 오렌지주스의 원재료를 살펴보면 '농축 과즙'이라고 적혀 있다. 농축 과즙은 과일에서 즙을 짜낸 다음 수분을 없애고 농축한 것이다. 주스 회사들이 과즙을 농축하는 것은 당 함량이 높아 보존성이 좋고, 부피가 줄어 운송비가 크게 절감되기 때문이다. 수입하는 입장에서도 생과일을 들여오는 것보다 농축액을 가져오는 것이 비용 면에서 훨씬 이득이다. 그래서 주스 원료로 농축액을 사용하는 것이다. 이 농축액에 물을 타서 원상태로 되돌린 것이 바로 우리가 흔히 먹는 과일주스다.

시판되는 100% 주스에는 합성착향료·구연산·액상 과당·비타민C 등이 들어 있다. 과실농축액은 수분을 증발시키기 위해 고온에서 가열하기 때문

과일주스

과일주스는 '농축 과즙' '비농축 과즙 (NFC)' '생착즙 주스'로 나뉜다. 생착즙 주스 는 과일즙을 낸 뒤 아무것도 첨가하지 않고, 가열도 하지 않은 채 용기에 담은 것을 말한 다. 요즘 인기를 끄는 비농축 과즙(NFC) 음료 도 잘 살펴야 한다. NFC란 'Not From Concentrate'의 약어로 농축하지 않은 '비 농축 과즙'으로 만들었다는 뜻이다. 하지만 시판되는 NFC 제품의 원재료 함량에는 '농 축 과즙'이라고 쓰여 있다. 또 어떤 제품은 세 계적으로 통용되는 NFC의 의미를 다르게 사 용하기도 한다. 따라서 NFC 음료라 하더라 도 성분표시를 자세히 살펴야 한다.

에 비타민이 파괴될 뿐 아니라 맛과 향도 떨어진다. 농축 과즙에 다시 물을 부어 농도를 맞춘다 해도 과일 본래의 맛과 향을 되살릴 수는 없다. 그래서 진짜처럼 보이기 위해 합성착향료·구연산 등을 넣어 맛과 향을 내는 것이다.

보통 100%라 하면 다른 성분은 전혀 들어가지 않은 것으로 생각한다. 하 지만 실제로는 다른 첨가물들이 들어가는데도 과즙 100%라고 쓴다. 이유는 '식품 등의 표시기준'에 농축액을 물로 희석한 경우 원재료 농도가 100% 이 상으로 회복되면 각종 첨가물이 포함되더라도 100%로 표기할 수 있다고 돼 있기 때문이다. 농축액에 물을 부어 농도를 맞추기만 하면 첨가물이 들어가 든 말든 100%라고 표시할 수 있는 것이다. 결국 100% 과일주스라고 해서 과즙만 100%는 아니라는 얘기다.

과일주스가 과일을 대신할 수는 없다. 과일의 맛과 영양을 그대로 섭취하 고 싶다면 생과일을 먹거나 신선한 과일을 집에서 갈아 마시는 것이 좋다. 감 귤·딸기·토마토·수박 등은 껍질을 벗겨 믹서에 갈기만 하면 주스가 된다. 또 사과·포도·블루베리 등은 기호에 따라 우유나 요구르트를 섞으면 훌륭 한 주스가 된다. 이제부터 '100%' '신선한' '퓨어' 등 주스에 붙는 현란한 광고 문구에 절대 현혹되지 말자.

6

알고 먹으면
약이 되는 밥상

아침 공복에 마시는
물 한잔은 보약이라고 한다.
일어나자마자 물을 마시면
밤새 쌓인 노폐물이 배출돼
신진대사가 원활해진다.

산성식품과 알칼리성식품

주변에서 산성식품을 먹으면 몸이 산성체질로 바뀌어 나쁘고 알칼리성식품을 먹어야 건강에 좋다는 말을 들은 적이 있다. 산성체질을 알칼리성으로 바꿔준다는 광고도 있었다. 그래서 어떤 식품이 산성식품이고, 어떤 식품이 알칼리성식품인지 열심히 찾고 관심을 가졌던 때가 있었다. 그렇다면 산성식품과 알칼리성식품은 어떻게 구분할까.

흔히 과일이나 과일주스는 신맛이 나니까 산성식품으로 생각하는 경우가 많다. 과일이나 주스의 수소이온농도를 측정하면 분명히 산성으로 나온다. 하지만 산성식품과 알칼리성식품을 구분하는 기준은 식품 자체의 수소이온농도(pH)와는 관계가 없다. 식품을 태워서 재로 만든 다음 그 재를 물에 녹인 수용액에 인·황·염소 성분이 많이 남으면 산성식품이라 하고, 칼슘·나트륨·칼륨·마그네슘 등이 남으면 알칼리성식품이라 한다. 따라서 신맛이 난다고 모두가 산성식품은 아닌 것이다.

감귤·포도·오렌지 등의 과일류는 구연산 등과 같은 유기산이 많아 신맛이 나며 그 자체가 산성이다. 하지만 그 속에 칼륨·나트륨·칼슘 등이 많이 함유돼 있어 이를 태워 얻은 재를 물에 녹이면 알칼리성을 띤다. 과일의 신맛을 내는 유기산은 체내에서 물과 이산화탄소로 분해돼 사라지지만 그 속에 있던 나트륨·칼슘·칼륨 등의 알칼리성 원소는 남아 있다. 그래서 대부분의 과일이나 채소는 알칼리성식품으로 분류된다. 예외적으로 양념 채소로 많이 이용하는 파는 산성식품에 속한다.

우리가 주식으로 먹는 쌀 등의 곡류와 쇠고기·돼지고기 등의 육류, 생선 등의 어패류는 산성식품이다. 이들 식품은 태워 재로 만들기 전까지는 신맛이 없어 중성 내지 알칼리성을 띤다. 하지만 탄수화물·단백질·지방에는 유황·인 등의 함량이 높아 태워 재로 만들어 물에 녹이면 산성을 나타낸다. 하지만 항상 예외는 있는 법. 우유나 콩은 단백질이 풍부하지만 알칼리성식품

이다. 탄수화물이 많이 든 감자 역시 알칼리성식품에 해당한다. 이처럼 산성식품과 알칼리성식품을 구분한 것은 이들 식품이 혈액을 산성으로, 알칼리성으로 만들기 때문이다. 사람의 혈중 수소이온농도는 7.2~7.4pH 정도의 약알칼리성을 유지하고 있다. 0에 가까울수록 산성, 14에 가까울수록 알칼리성으로 보면 된다.

최근 건강에 대한 관심이 높아지면서 알칼리성식품을 찾는 소비자가 늘어나는 것은 우리몸이 약알칼리성 상태이기 때문이다. 여기에다 몸이 산성화되면 성인병에 걸리기 쉽다는 얘기도 한몫하고 있다. 하지만 우리 몸은 항상성이 있어 몇 번 특정 식품을 먹었다고 해서 체질이 확 바뀌지 않는다. 혈액에는 자체 완충능력이 있어 몸이 산성화되거나 알칼리화되면 중성으로 돌려놓는 작동을 하기 때문이다.

다만 산성식품을 지나치게 먹으면 긴장과 피로를 쉬 느끼고 공격적인 성격으로 변할 수 있다고 한다. 또 알칼리성식품 섭취를 위해 육류는 먹지 않고 채식 위주의 식사를 하면 단백질과 철분, 칼슘 등이 부족해 영양결핍과 골다공증 등에 걸리기 쉽다. 따라서 산성식품이나 알칼리성식품의 구분에 너무 연연하지 말고 골고루 섭취하는 게 바람직하다. 산성식품과 알칼리성식품은 적이 아니라 동반자다.

산성식품 & 알칼리성식품 종류
- 산성식품 : 돼지고기·쇠고기·닭고기·장어·참치·밀가루·빵·치즈·백미·새우·버터 등
- 알칼리성식품 : 우유·콩·감자·커피·양파·우엉·시금치·당근·귤·오이·딸기·수박·배·고구마·가지·다시마·미역 등

충치 예방 & 유발식품

　　　　　튼튼하고 건강한 치아는 오복 중의 하나다. 아무리 인공치아가 좋아지고, 이가 없으면 잇몸으로 산다지만 자연치아에는 견줄래야 견줄 수가 없다. 평균수명이 점점 길어지는 고령화 시대를 사는 만큼 충치 없이 건강한 치아를 유지하는 것은 무엇보다 중요하다. 그렇다면 어떤 식품이 충치 예방에 좋고, 또 어떤 식품이 충치를 유발할까.

　'단것을 많이 먹으면 이가 썩는다'는 것은 어린아이들도 다 안다. 충치는 충치를 유발하는 세균이 당을 먹고 산을 배설하면 그 배설물이 치아를 부식시켜 생기는 것이다. 따라서 당분이 많이 들어간 음식이 충치의 원인이 된다. 하지만 단맛의 정도뿐 아니라 치아에 식품이 달라붙는 정도가 큰 영향을 미친다. 충치를 일으킬 수 있는 위험도, 즉 충치 유발지수는 당도와 식품이 치아에 붙어 있는 정도를 종합해 수치로 나타낸다. 단맛의 정도가 좀 낮아도 치아에 잘 달라붙으면 충치 유발지수는 높다. 따라서 아이들에게 간식을 줄 때는 충치 유발지수를 챙길 필요가 있다.

　식품별로 충치 유발지수를 살펴보면 젤리가 46점으로 가장 높다. 캐러멜이 38점, 비스킷이 27점, 사탕이 23점, 인절미가 19점 등의 순으로 충치를 일으키기 쉽다. 이 식품들은 단맛이 강한 데다 치아에 달라붙는 성질이 있다. 흔히 초콜릿이 인절미보다 충치를 더 잘 생기게 한다고 생각하기 쉽다. 하지만 결과는 예상 밖이다.

　충치와 무관할 것으로 보이는 인절미의 경우 초콜릿보다 달지 않지만 충치 유발지수는 오히려 더 높다. 초콜릿보다 치아에 더 잘 달라붙기 때문이다. 치아에 달라붙기 쉬운 음식은 오랫동안 입안에 남아 세균의 먹이가 된다. 반대로 초콜릿의 충치 유발지수는 15점이다. 단맛의 정도에 비해서는 충치 유발지수가 높지 않다.

　콜라나 사이다 같은 탄산음료 역시 충치 유발지수가 10점으로 생각보다

음식별 충치 유발지수

김치(3점)·고사리(4점)·우유·딸기(6점), 깍두기(7점)·사과·라면·콜라(10점)·아이스크림·고구마·식빵(11점)·요구르트(14점)·초콜릿(15점)·건포도(16점)·인절미·도넛(19점)·사탕(23점)·과자·비스킷(27점)·엿(36점)·캐러멜(38점)·젤리(46점)

※지수가 높을수록 충치 유발 위험 증가

는 낮다. 음료수는 마시는 순간 목을 타고 넘어가기 때문에 씹어 먹는 음식에 비해 입안에 머무르는 시간이 짧다. 그만큼 치아에 영향을 덜 준다는 얘기다. 그렇다고 탄산음료가 치아 건강에 좋다고 말할 수는 없다.

충치 유발지수가 10점 이하면 비교적 안전한 식품이라고 할 수 있다. 대부분의 채소와 과일은 3~10점 수준이다. 채소는 단맛이 적어 그렇다고 하지만 과일은 당도가 있어 정말 그럴까 의심하는 이들도 있다. 하지만 과일은 단맛이 있는 반면 충치를 예방하는 데 효과적인 식이섬유소가 풍부하다. 치과 전문의들이 치아 건강을 위해 섬유질이 많은 과일과 채소를 추천하는 이유다. 송학선 충치예방연구회장은 "양상추·오이·당근 등 신선한 채소와 과일은 섬유질이 많아 음식의 찌꺼기를 제거해주고, 잇몸을 자극해 치아를 튼튼하게 하는 데 도움을 준다"고 말한다. 또 녹차와 감잎차에도 충치를 예방하는 성분이 들어 있어 음식을 먹고 난 후 물 대신에 이런 차로 입을 헹구어주면 좋다.

탄수화물 유혹에서 탈출하라

"손이 가요~ 손이 가~ 빵·과자에 손이 가요 아이 손 어른 손 자꾸만 손이 가~." 식사 2~3시간 후 달콤한 빵이나 과자를 먹는다, 스트레스를 받으면 먹고 싶은 욕구가 왕성해진다, 일주일에 3번 이상 밀가루 음식을 먹어야 직성이 풀린다…. 그렇다면 혹시 탄수화물 중독에 빠진 것은 아닌지 의심해봐야 한다.

탄수화물은 우리 몸에 꼭 필요한 영양소지만 과다하게 섭취하면 당뇨나 고혈압 같은 각종 성인병에 걸릴 위험이 높아진다. 현대인에게 가장 흔하고 심각한 질병 중 하나가 비만인데, 이 비만의 주범으로 탄수화물이 지목되고 있다. 단백질 중독이나 지방 중독이라는 말은 없지만 탄수화물에는 '중독'이라는 말이 붙는다. 그만큼 탄수화물 과잉 섭취에 따른 위험성이 높다는 방증이다.

탄수화물을 과다 섭취하면 혈당이 높아지고 이를 낮추기 위해 인슐린 분비가 증가한다. 인슐린 분비가 많아지면 저혈당 상태가 돼 심한 공복감과 함께 우울증이 동반된다. 이때 우리 몸은 다시 혈당을 올리려고 탄수화물을 자꾸 먹게 되고 이로 인해 남은 탄수화물은 체내에 지방으로 축적돼 고혈압·당뇨·비만 등의 원인이 된다. 기름기 있는 음식을 즐겨 먹지 않는데도 살이 찐다고 하는 것은 바로 탄수화물 때문이다.

탄수화물 중독증이란 빵·떡·과자·초콜릿 등 당질이 많은 음식을 억제하지 못하고 먹는 것을 말한다. 달고 부드러운 정제 탄수화물을 섭취하면 혈당이 빠르게 높아져 공복감이 쉽게 해소되고 마음이 편안해진다. 이런 안락하고 기분이

나도 혹시 탄수화물 중독?

1. 아침을 먹은 날이 굶은 날보다 더 허기진다.
2. 식사 후 단맛 도는 후식을 즐긴다.
3. 스트레스를 받으면 식욕이 당긴다.
4. 식사 후 졸리고 나른한 경우가 많다.
5. 일주일에 3회 이상 밀가루 음식을 먹는다.
6. 잡곡밥보다 흰쌀밥을 선호한다.
7. 작은 자극만 받아도 화가 난다.
8. 가족이나 친척 중에 비만인 사람이 있다.
9. 취침 전 습관적으로 야식을 먹는다.
10. 배불리 먹어도 포만감이 오래가지 않는다.

※ 3~4개 : 탄수화물 중독 위험,
  5~7개 : 탄수화물 중독,
  8개 이상 : 심한 탄수화물 중독

좋은 느낌을 잊지 못해 탄수화물을 다시 찾으면서 중독되는 것이다.

보통 성인의 하루 적정 탄수화물 섭취량은 300~400g이다. 밥 한 공기를 200g으로 봤을 때 하루 2공기 이내가 적당하다. 쌀이 주식이고 다른 탄수화물을 부식으로 이용하는 우리의 식단은 탄수화물 섭취가 높은 편이다. 따라서 탄수화물 중독을 극복하기 위해서는 혈당이 서서히 올라가 포만감이 지속되는, 당지수(식품 섭취시 체내 혈당 상승이 얼마나 급격하게 올라가는가를 수치로 환산한 것)가 낮은 식품을 섭취해야 한다.

일반적으로 단맛이 느껴지는 음식은 당지수가 높고, 섬유질이 많은 식품은 낮다고 보면 된다. 당지수가 낮은 식품에는 잡곡·현미·콩·우유·사과·고구마 등이 있다. 당지수가 높은 식품은 흰빵·흰쌀밥·흰설탕·쿠키·초콜릿·감자 등이다. 과일 중에서는 시큼한 맛이 나는 자몽·오렌지·사과 등이 당지수가 낮다. 단맛이 강한 파인애플·수박 등은 당지수가 높다. 과일을 갈아 주스로 만들면 당지수는 더 올라간다.

탄수화물 중독에서 벗어나기 위해서는 혈당을 쉽게 높이는 흰밀가루·흰쌀밥·빵 등 정제된 탄수화물보다는 정제되지 않은 곡류를 섭취한다. 고기·두부·콩 등 단백질이 풍부한 음식은 소화 속도가 느리고 위에 오랫동안 머물러 포만감을 주기 때문에 탄수화물 양을 줄이는 데 도움이 된다.

물 한 잔 드실래요

지구의 모든 생명체는 물 없이 살 수 없다. 건강한 식생활에서 떼낼 수 없는 것 또한 물이다. 지구의 70%는 물로 덮여 있고, 우리 몸도 70%가 물이다. 이처럼 물은 우리 몸의 기능을 정상적으로 유지하는 데 필수적이다. 우리 몸속에서 순환 작용을 통해 수분과 체온을 조절하고 세포에 산소를 공급한다. 체내의 독성 물질과 노폐물을 몸 밖으로 배출하고 피부의 노화를 막아준다. 그렇다면 매일 먹는 물, 어떻게 마시는 게 좋을까.

아침 공복에 마시는 물 한 잔은 보약이라는 말이 있다. 일어나자마자 물을 마시면 밤새 쌓인 노폐물이 배출돼 신진대사가 원활해지고 혈액순환이 잘된다. 식사하기 30분 전에 물을 한 컵 정도 마시면 포만감으로 식사량을 줄일 수 있다. 물만 마셔도 살이 찐다는 사람들이 있다. 물은 열량이 'Okcal'이기 때문에 살찌는 것과 상관이 없다. 물을 많이 마시면 일시적으로 체중이 늘 수 있지만 이뇨 작용으로 금방 정상으로 돌아온다. 짠 음식을 먹고 물을 많이 마시게 되면 소변으로 배설되지 않고 한동안 몸에 남아 있어 부종이 생길 수 있다. 그렇다고 이것이 살이 되는 것은 아니다. 오히려 물을 많이 먹으면 다른 음료나 음식을 덜 먹게 돼 체중 조절 효과를 볼 수 있다.

반대로 물을 충분히 섭취하지 않으면 몸 안의 노폐물을 신장에서 효율적으로 제거하지 못해 독소가 쌓인다. 혈액의 점도가 높아져 혈전이 생길 수 있고 변비로 고생하기 쉽다. 음식물이 대장을 지나가면서 수분이 흡수돼 대변이 딱딱해진다. 변비에 걸린 사람들은 섬유질을 충분히 섭취하는 것도 중요하지만 무엇보다 물을 많이 마셔야 한다.

우리가 물이 맛있다고 느끼는 가장 큰 요인은 물의 온도다. 대체로 13~16℃ 사이의 물이 가장 맛있게 느껴지고, 10℃ 내외는 좀 더 상쾌한 맛을 느낄 수 있다고 한다. 생수와 끓인 물, 둘 다 성분에서 큰 차이는 없다고 한다. 물을 끓일 때 산소가 증발하지만 물을 식히는 과정에서 다시 산소가

흡수돼 산소의 양은 비슷해진다. 미네랄 함량도 끓이기 전후에 별 차이가 없다. 단, 수돗물은 끓이면 염소와 오염 물질 등이 없어지므로 끓여 먹는 것이 좋다. 수돗물을 끓일 때 보리차를 넣으면 보리의 흡착성 때문에 오염 물질 제거 효율이 10% 이상 높아지고 보리의 영양 성분을 일부 섭취할 수 있다.

물을 얼마나 마시는 것이 건강에 가장 좋은지는 전문가마다 의견이 다르다. 세계보건기구(WHO)는 하루에 물 8잔(200㎖ 기준)을 마실 것을 권고하고 있다. 성인의 하루 수분 소모량은 2.5ℓ 정도다. 음식으로 섭취하는 수분의 양(1.4ℓ) 이외에 별도로 1~1.5ℓ의 수분을 보충해줘야 하는 것이다. 보통 하루에 8~10잔의 물을 권하는 것도 이런 이유에서다.

물을 마실 때도 두 잔씩 4번 마시는 것보다 한 잔씩 8번에 걸쳐 마시는 것이 좋다. 따뜻한 물보다는 차가운 물이 체내에 더 빨리 흡수된다. 물의 흡수율을 높이기 위해서는 최대한 천천히 마시는 게 좋다.

물 효과적으로 마시기

물은 하루 동안 틈틈이 자주 마시는 것이 좋다. 식후나 식사 중간보다는 식전 1~2시간 정도에 마시는 습관을 가지는 것이 좋다. 60대가 넘어가면 우리 몸의 수분량은 60% 이하로 줄어든다. 수분 부족으로 체내가 건조해지면 노화가 빨라진다. 나이가 들수록 목이 마르다는 느낌이 둔해지기 때문에 일부러라도 물을 조금씩 자주 마시는 게 좋다.

우리는 **환상의 커플**

　　　　　　　　　"여기 새우젓 안 나왔어요. 얼른 주세요." 식당에서 보쌈을 시키면 따라 나오는 새우젓. 돼지고기를 새우젓에 찍어 먹는 것은 오랜 습관이자 상식이다. 메밀국수를 먹을 때 국물에 갈아놓은 무를 넣어 먹는 것도 마찬가지다. 이 모두가 '궁합' 때문이다.

　남녀 사이든, 직장 동료 사이든 서로 궁합이 맞으면 일이 술술 잘 풀린다. 궁합이 맞지 않으면 사사건건 부딪치고 싸우는 일이 잦아지면서 관계가 불편해진다. 궁합은 사람에게만 국한되는 것이 아니다. 음식에도 통한다. 음식이 찰떡궁합을 이루면 서로 부족한 영양소를 채워주고 맛을 더 좋게 한다.

　대표적인 식품이 돼지고기와 표고버섯, 돼지고기와 새우젓의 결합이다. 돼지고기는 단백질과 지방이 풍부하지만 콜레스테롤이 많은 게 흠이다. 이 단점을 보완해주는 것이 표고버섯이다. 표고버섯에는 비타민D·E와 레시틴 성분이 있어 콜레스테롤의 체내 흡수를 막아준다. 또 돼지고기 보쌈을 새우젓에 찍어 먹는 것도 다 이유가 있다. 기름진 돼지고기에 새우젓을 곁들이면 고기 맛도 좋고 소화도 잘된다. 새우젓이 발효되면 프로테아제라는 효소가 많이 발생하는데, 이것이 돼지고기의 소화제 역할을 해준다.

　재첩과 부추도 잘 어울리는 조합이다. 재첩은 칼슘·철분·인·비타민B 등이 풍부하지만 비타민A는 적은 약점이 있다. 반면에 부추는 비타민A의 모체인 베타카로틴이 많아 이를 절묘하게 보완해준다. 재첩국·재첩숙회 등 재첩이 주재료인 음식에 부추가 단골손님이 되는 것은 이래서다.

　아욱과 새우도 찰떡궁합이다. 아욱은 채소 중 영양가가 높기로 유명한 시금치보다 단백질은 2배, 지방은 3배나 많다. 어린이의 성장 발육에 필요한 칼슘과 무기질도 들어 있다. 그러나 아욱에는 단백질 함량이 적다. 그래서 새우를 함께 먹으면 좋다. 새우는 필수아미노산이 골고루 들어 있어 아욱과 함께 국을 끓이면 맛과 영양이 한층 풍부해진다.

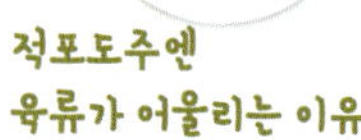

적포도주엔 육류가 어울리는 이유

적포도주는 붉은 살코기와, 백포도주는 생선과 잘 어울린다. 적포도주에 들어 있는 폴리페놀은 육류가 소화될 때 세포에 유독 물질이 만들어지는 것을 억제한다. 하지만 적포도주의 철분 성분이 생선이나 해산물과 만나면 비린내가 심해진다.

복어와 미나리도 환상의 짝꿍이다. 복어는 고단백 식품으로 숙취 해소와 자양강장에 좋은 것으로 유명하다. 하지만 복어에는 치명적인 단점이 있다. 바로 내장 등에 테트로도톡신이라는 독성분이 있다는 것. 잘못 먹었다간 생명까지 잃을 수도 있다. 그래서 복어 요리에는 해독 작용이 뛰어난 미나리가 함께 나온다. 미나리가 복어의 독을 완벽하게 중화시키지는 못하더라도 완화시키는 데 도움을 주기 때문이다. 미나리는 독특한 향을 가지고 있어 입맛을 돋우는 데도 그만이다. 또한 복어에 부족한 비타민을 보충해주는 역할도 한다.

보통 생선회를 시키면 옆에 꼭 생강이 따라 나온다. 생강은 생선회를 돋보이게 하기 위한 장식품이 아니다. 생강의 매운맛은 살균력이 강해 날 생선을 먹었을 때 일어날 수 있는 식중독을 막아줄 뿐 아니라 생선의 비린내도 잡아준다.

새콤달콤한 딸기와 우유도 꽤 잘 어울리는 한 쌍이다. 후식으로 즐겨 먹는 딸기는 과일 중에서 비타민C가 많지만 단백질과 지방 함량은 낮다. 이런 부족한 영양소를 우유가 보완해준다. 이밖에 굴과 레몬, 인삼과 꿀, 두부와 미역 등도 함께 먹으면 건강에 좋다.

우리는 **최악의 커플**

남녀가 성격이 맞지 않으면 자주 싸우고 목소리를 높이는 것처럼 서로 성질이 다른 식재료를 가지고 음식을 만들면 영양이 손실되거나 탈을 일으킬 수 있다. 의외로 함께 먹으면 좋지 않은 식재료를 찰떡궁합으로 잘못 알고 먹는 경우가 있다. 궁합이 맞지 않는 음식을 열심히 만들면 뭐하나. 결국 밑 빠진 독에 물을 붓는 것과 같은데 말이다.

그 대표적인 예가 오이와 당근, 오이와 무의 만남이다. 무생채를 할 때 오이를 무심코 넣는다. 연두색의 오이가 흰색의 무와 잘 어울릴 뿐만 아니라 맛도 있기 때문이다. 하지만 오이를 칼로 썰면 세포에 있던 아스코르비나아제라는 효소가 나온다. 이것이 무에 들어 있는 비타민C를 파괴한다. 오이와 마찬가지로 당근도 아스코르비나아제를 가지고 있어 무채에 섞으면 비타민C가 파괴돼 영양이 반감된다.

식탁에 자주 올라오는 반찬 중의 하나가 김구이다. 김에는 지방이 1%도 없어 구울 때 기름을 바르면 윤기가 나고 맛과 영양의 균형이 잡힌다. 문제는 기름을 바른 김을 오래 놔두고 먹을 때다. 구운 김을 장기간 보관하면 공기와 햇빛에 의해 산화돼 과산화지질이라는 유해 성분이 생기기 쉽다. 보관해두고 먹으려면 기름을 바르지 않고 구워 먹는 게 낫다. 또 김은 소금기가 있어 소금을 뿌려 먹으면 나트륨 섭취량이 많아질 수 있기 때문에 그냥 구워 먹는 게 좋다.

미역과 파도 궁합이 맞지 않는 결합이다. 파에는 비타민이 풍부하지만 유황과 인도 들어 있다. 미역의 칼슘이 이들을 중화하는 데 모두 쓰인다.

힘의 원천, 보신 식품으로 잘 알려진 장어. 장어에는 지방과 단백질, 특히 비타민A가 풍부한데 이를 섭취할 경우 소장에서 소화가 이뤄진다. 이때 복숭아를 먹게 되면 위에서 소화되지 않은 복숭아의 유기산이 소장을 자극해 설사를 일으킬 수 있다. 그래서 장어를 먹고 난 후 후식으로 복숭아를 먹는

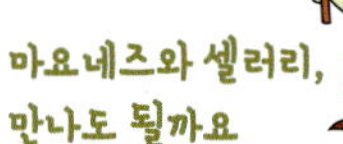

마요네즈와 셀러리, 만나도 될까요

비타민과 식이섬유가 풍부한 셀러리를 흔히 마요네즈에 찍어 먹는다. 하지만 체중 조절을 위해서라면 열량이 높은 마요네즈 소스는 피한다. 대신 플레인 요구르트와 함께 먹으면 열량 부담을 줄일 수 있다. 또한 요구르트 소스는 맛이 싱큼해 셀러리와 잘 어울린다.

것은 서로 상극이기 때문에 피해야 한다.

흔히 맥주를 마실 때 곁들이는 안주가 땅콩이다. 고소한 땅콩 맛이 쌉쌀한 맥주와 잘 어울릴 것 같지만 실제는 아니다. 땅콩이 함유한 단백질·지방·비타민B군은 간을 보호하고 영양 효율도 높다. 이렇게 훌륭한 땅콩도 보관을 잘못하면 인체에 해롭게 변한다. 특히 껍질을 깐 땅콩은 먹기는 편하지만 위생적으로 문제가 있다. 땅콩은 껍질 없이 공기에 노출되면 지방이 산화돼 과산화지질을 만든다. 또 고온 다습한 환경에서는 땅콩의 배아 근처에 아플라톡신을 내는 검은곰팡이가 핀다. 아플라톡신은 간암을 유발하는 발암성 물질이다. 따라서 무심코 집어 먹는 맥주 안주로 땅콩은 피해야 한다. 또 80%가 지방인 땅콩이나 차가운 성질의 과일은 맥주와 만나면 배탈을 일으킬 수 있어 같이 먹지 않는 게 좋다.

우유와 초콜릿도 어울리지 않는 결합이다. 우유와 초콜릿은 모두 포화지방산과 콜레스테롤이 다량 함유돼 있다. 따라서 같이 먹으면 혈중 콜레스테롤 수치가 높아질 수 있다. 우유는 영양 식품이지만 비타민C는 부족하기 때문에 딸기 등과 함께 먹는 게 좋다. 이 밖에 도토리묵과 감, 치즈와 콩, 홍차와 꿀, 쇠고기와 고구마 등도 피해야 하는 대표적인 음식 조합이다.

음식과 궁합 맞아야 약발 먹힌다

약과 음식 사이에도 궁합이 있다. 음식이 약과 궁합이 맞을 때는 약의 효능을 높여 주지만 궁합이 안 맞으면 약발이 듣지 않거나 부작용이 생길 수 있다. 약에 들어 있는 성분에 따라 맞는 음식이 있고 반드시 피해야 할 음식이 있다. 예전에는 "아플 땐 무조건 잘 먹어야 한다"고 했다. 요즘은 어떤 약에는 어떤 음식을 피해야 하는지 제대로 알고 먹는 것이 질병 치료의 기본이다.

세균 감염 치료에 사용하는 항생제는 우유·술·커피와 상극이다. 항생제를 우유 등의 낙농 제품, 제산제, 철 성분이 든 비타민과 함께 복용하면 약 성분이 체내에 흡수되지 않고 배출돼 약효가 떨어진다. 이런 식품은 항생제 복용 2시간 후에 먹는 게 좋다. 커피·콜라·초콜릿 등 카페인이 들어 있는 식품도 항생제와 만나면 카페인 배설이 억제돼 심장이 두근거리고 신경이 예민해져 불면증이 나타날 수 있다.

고혈압 치료제는 약 성분에 따라 주의할 음식이 다르다. 심장박동수와 심장에 대한 부담을 감소시키는 '베타 차단제'는 쇠고기 등 고기와 함께 먹으면 약효가 증가돼 어지럼증이나 저혈압이 발생할 수 있다. 혈관을 확장시켜 혈압을 낮추는 '칼슘채널 차단제'는 자몽주스나 오렌지주스와 먹으면 약효가 증가해 독성을 나타낼 수 있다. 따라서 이들 주스는 적어도 약 복용 2시간 후에 마시는 것이 좋다. '칼륨보충 이뇨제'는 바나나·오렌지·녹색채소와 같은 칼륨이 풍부한 식품과 함께 섭취하는 것을 피해야 한다.

몸에 좋지 않은 콜레스테롤이 만들어지는 속도를 늦추고 중성지방을 낮추는 '고지혈증 치료제'는 자몽주스·술과 상극이다. 자몽주스와 이 약을 같이 먹으면 약물의 혈중농도가 증가한다. 속쓰림이나 소화장애에 복용하는 위장약은 카페인·오렌지주스와 상극궁합이다. 위산의 분비를 줄여주는 '히스타민 억제제'는 커피·콜라·차 등 카페인 음식은 피해야 한다. 카페인 성분

감기약에 초콜릿은 '독'

약 먹기 싫어하는 아이들을 초콜릿으로 꾀는데, 감기약을 먹인 후 초콜릿을 주면 심부전증·구토·실신·산만한 행동 등이 나타날 수 있다. 감기약에는 카페인 성분이 들어 있는데, 초콜릿을 함께 먹일 경우 초콜릿의 카페인이 합쳐져 중독에 빠질 수 있으므로 주의해야 한다.

이 위 염증을 악화시킬 수 있다. 위산과다로 속이 쓰린 사람들이 복용하는 겔포스 등의 '제산제'는 오렌지주스와 함께 먹으면 알루미늄 성분이 체내에 흡수될 수 있다. 어떤 약이든지 술은 금기 대상 1호 식품이다.

혈액이 굳지 않게 해주는 '항응고제'는 비타민K가 함유된 음식을 피한다. 비타민K는 혈액을 응고시키는 성질이 있어 약효를 떨어뜨린다. 따라서 비타민K가 많이 든 양배추·케일·간·녹차·콩류 섭취에 주의해야 한다. 골다공증 예방을 위해 복용하는 '칼슘 보충제'는 지방이 많이 든 음식과 안 맞는다. 변비약은 우유와 상극이다. 대장에서 약효를 내야 하는 변비 치료제는 위장에서 녹지 않게 코팅돼 있다. 약알칼리성인 우유는 위산을 중화시키므로 변비약을 위장에서 녹여 버려 약효를 떨어뜨린다. 만약 우유를 먹었다면 1~2시간 후 변비약을 복용해야 한다.

약한 통증에 복용하는 타이레놀과 같은 '해열 진통제'는 음식과 함께 먹으면 흡수가 지연돼 공복에 먹어야 한다. 통증과 염증을 줄여주는 아스피린과 같은 '소염 진통제'와 염증의 붓기, 가려움을 가라앉히는 '부신피질 호르몬제'는 위를 자극할 수 있기 때문에 음식이나 우유와 함께 복용하는 것이 좋다.

여보, 나 **갱년기**인가 봐요

　　　　　　　　10대 때는 빨리 어른이 됐으면 한다. 20대를 지나 30~40대에 이르면 나이 먹는 게 무섭다. 인생의 최고점을 찍고 계단을 내려와야 하는 기분이랄까. 그저 한 살이라도 더 어려 보이고 싶어진다. 하지만 누구도 세월을 비켜 갈 수 없는 법. 여성이 40대 후반에서 50대 초반이 되면 신체에 커다란 호르몬 변화가 생긴다. 난소의 기능이 떨어져 여성호르몬(에스트로겐) 분비가 급격히 줄면서 폐경을 맞고 갱년기가 찾아온다.

　만약 시도 때도 없이 얼굴이 화끈거리며 붉게 변한다거나 식은땀을 흘리며 자주 우울해지고 잠도 잘 못 잔다면 갱년기 증상인지 의심해 봐야 한다. 여성이 갱년기에 겪게 되는 다양한 증상들은 삶의 질을 떨어뜨리고 심하면 정신적인 문제까지 야기할 수 있다. 따라서 평소 생활 속에서 갱년기 증상 예방에 좋은 음식을 꾸준히 섭취하면 조금이나마 도움을 받을 수 있다.

　여성호르몬 하면 가장 먼저 떠오르는 식품이 콩이다. 콩에 들어 있는 이소플라본은 여성호르몬인 에스트로겐과 구조와 기능이 비슷하다. 갱년기장애 중 하나인 얼굴이 달아오르고 열이 나는 등의 증상을 완화하는 데 효과가 있다. 미국 식품의약국(FDA)에서는 콩 단백질을 하루 25g 이상 섭취할 것을 권장한다. 콩은 가공하거나 조리해도 이소플라본 손실이 적다. 된장국·두부·청국장 등을 갱년기 여성에게 권하는 것은 이래서다.

　"미녀는 석류를 좋아한다"는 음료 광고가 있다. 석류에는 여성호르몬과 유사한 작용을 하는 피토에스트로겐(식물성 에스트로겐)이 1kg당 17㎎ 들어 있다. 고대 페르시아 시대부터 '여성의 과일'로 대접받아 온 석류는 피부 미용과 노화 방지에 탁월한 효과가 있다. 특히 여성호르몬은 석류의 씨앗을 싸고 있는 막에 많으므로 씨까지 먹는 게 좋다.

　자몽과 아마씨는 안면홍조를 완화하는 데 도움이 된다. 칡 역시 갱년기 여성에게 추천할 만하다. 칡에 풍부한 다이드제인은 식물성 에스트로겐의 일

종으로 안면홍조·발열·가슴두근거림·불면증을 없애 주는 효능이 있다. 칡뿌리에는 식물성 에스트로겐이 콩의 30배, 석류의 626배나 들어 있다. 또한 칡즙을 우유·멸치 등과 함께 먹으면 칼슘 흡수를 도와 골다공증을 예방하는 효과도 있다.

갱년기 여성에게 생기기 쉬운 병이 골다공증이다. 갱년기에는 에스트로겐의 분비가 급감해 골다공증 발생 위험이 높아지고 골절이 생기기 쉽다. 따라서 멸치·우유·시금치·다시마·요구르트·치즈 등과 같이 칼슘이 많이 든 음식을 섭취해야 한다. 체내의 칼슘 흡수를 돕는 비타민D가 풍부한 꽁치·고등어 등 등푸른 생선도 같이 먹으면 좋다.

갱년기가 되면 심장병이나 뇌졸중의 위험도 높아진다. 심혈관 질환에 걸리지 않으려면 식이섬유와 오메가3지방산이 풍부한 식품을 섭취해야 한다. 식이섬유는 현미·보리·통밀 등에 풍부하다. 그리고 DHA·EPA 등의 오메가3지방산은 참치·꽁치·정어리 등에 다량 함유돼 있다. 이외에 인삼의 사포닌 역시 여성호르몬 생성을 촉진시켜 여성호르몬 부족으로 인한 불면증·신경불안·우울증을 해소하는 데 유익하다. 최근에는 약용 식물 백수오가 안면홍조·발한·우울증·불면 증의 증상을 개선시키는 것으로 나타나 주목받고 있다.

갱년기 극복 생활 수칙

- 맵거나 뜨거운 음식, 자극적인 음식, 카페인이 많이 든 커피나 술 등을 피한다.
- 기름기가 많은 음식 등 소화가 잘안되는 음식은 절제한다.
- 안면홍조가 심할 경우에는 주변의 온도를 낮추고 숨을 천천히 깊게 내쉬는 심호흡을 하는 것도 도움이 된다.

강한 남자가 되고픈 그대에게

"몸이 예전 같지가 않아…." "왕년에 나도 한 끗발 날렸는데…." 흔히 갱년기 하면 여성들에게만 나타나는 증상이라고 생각하기 쉽다. 하지만 남성도 나이가 들면서 줄어드는 남성호르몬(테스토스테론)의 영향으로 갱년기를 맞게 된다. 여성과 다른 점은 속도의 차이다.

여성은 난소의 급격한 기능 저하로 빠른 시간 내에 폐경이 오는 데 반해 남성호르몬은 30세 이후 매년 1%씩 감소해 갱년기 증상이 천천히 나타난다. 많은 중년 남성들이 갱년기 증상을 잘 느끼지 못하고 지나가는 이유가 여기에 있다.

대표적인 남성호르몬인 테스토스테론은 남자다움을 나타내고 신체 건강을 유지하는 데 필수적인 물질이다. 대한남성갱년기학회에 따르면 국내 40세 이상 남성의 15~20%는 남성호르몬 수치가 기준치 이하다. 중년 남성 5명 중 1명은 남성호르몬이 정상보다 부족하다는 것이다.

남성호르몬이 줄면 뱃살이 나오고 심신이 무기력해지며 쉽게 피로를 느낀다. 또한 우울증이 생기면서 성욕이 저하된다. 갱년기 증상을 극복하기 위해서는 혈액 순환 개선이나 호르몬 분비 등에 도움이 되는 음식을 꾸준히 섭취하는 것도 방법이다.

바람둥이의 대명사 카사노바와 나폴레옹이 즐겨 먹었던 음식이 굴이다. '바다의 우유'라 불리는 굴에는 남성호르몬 분비와 정자 생성을 촉진하는 아연이 풍부하게 들어 있다. 그래서 아연을 '섹스 미네랄'이라고 부른다. 굴 100g에는 아연이 4㎎ 들어 있는데 해산물 가운데 함유량이 가장 높다. 또 단백질·비타민·타우린·칼슘·인 등 각종 영양소가 골고루 들어 있어 신체에 활력을 불어넣어 준다.

부추도 오래전부터 정력에 좋은 식품으로 소문나 있다. 부추는 '양기를 일으키는 풀'이라는 뜻의 '기양초'라고도 불린다. "부추 씻은 첫물은 아들도 안주고 신랑만 준다"는 말이 있을 정도다. 부추의 매운맛을 내는 유황화합물은 마늘과 비슷한 성분으로 강장 효과가 뛰어나다. 또 부추에는 성 기능에 필요한 미네랄인 셀레늄과 칼슘 등도 풍부하다.

"혼자 여행할 때 총각은 새우를 먹지 말라"는 말이 있다. 새우에 성욕을 증진시키는 '페닐알라닌'이라는 성분이 다량 함유돼 있기 때문이다. 새우는 특히 신장에 좋은 식품인데, 신장이 건강하면 온몸의 혈액순환이 잘돼 양기가 살아나고 기력이 강해진다. 새우에는 아연·마그네슘·셀레늄이 풍부하고 필수아미노산 함량도 높다.

마늘도 대표적인 강장 식품이다. 마늘에 들어 있는 매운맛 성분인 알리신은 혈관을 확장시켜 혈액순환을 원활하게 하고 남성호르몬의 분비를 촉진한다. 알리신은 남성호르몬과 다른 호르몬의 분비를 늘려 성 기능을 높이고 남성의 정자 수도 늘린다는 보고가 있다.

토마토는 남성에게 아주 좋은 식품이다. 토마토의 항산화 물질인 라이코펜은 전립선 질환 예방에 효과적이다. 라이코펜은 면역력을 높이고 심혈관 질환을 막는 데도 도움을 준다. 복분자 역시 신장 기능을 강화해 정력과 양기를 높여준다.

남성호르몬 억제 음식

포화지방과 트랜스지방 등은 혈관을 노화시키고 남성호르몬 수치를 떨어뜨린다. 포화지방은 육류·유제품·버터 등에 많고 트랜스지방은 마가린·인스턴트식품·스낵류·패스트푸드에 많다. 남성 건강을 위해 과도한 알코올 섭취는 금물이며 담배는 끊는 것이 좋다. 커피 등 카페인이 많이 든 음식도 되도록 멀리하자.

꾼들이 찾는 **속풀이** 음식

술은 슬퍼도 마시고 기뻐도 마신다. 어떤 사람은 술을 보면 끝장을 볼 요량으로 마시는가 하면, 어떤 사람은 한 잔만 마셔도 얼굴이 빨개져 정신을 못 차린다. 술을 잘 마시는 사람이나 못 마시는 사람이나 술을 많이 마신 다음 날 숙취로 고생하기는 마찬가지다.

숙취란 전날 마신 술이 다음날에도 깨지 않고 취해 있는 상태를 말한다. 숙취의 원인은 혈액 속에 알코올이 분해될 때 생기는 아세트알데히드가 남아 있기 때문이다. 이로 인해 머리가 아프고 갈증이 나며 속이 메스꺼운 증상 등이 나타난다. 보통 간에서 알코올을 분해하는 능력은 1시간에 약 14g, 소주 한 잔 정도의 양이다. 전문가들은 술을 마시면 물을 많이 마시고 당분을 섭취하라고 권한다. 알코올이 체내에 들어와 분해되는 과정에서 몸속에 있는 수분과 전해질이 배출되기 때문이다. 이때 탈수를 막아주고 알코올 분해가 빨리 되도록 도와주는 것이 바로 물과 당분이다.

술 마신 다음날에는 해장국을 먹는데, 이것이 숙취 해소에 도움이 된다. 한국인이 가장 좋아하는 해장 음식은 바로 콩나물국. 콩나물에는 아스파라긴산이 다량 함유돼 있다. 아스파라긴산은 간에서 알코올 분해 효소가 많이 만들어지도록 도와준다. 특히 콩나물 뿌리에 많으므로 국을 끓일 때 뿌리를 다듬지 말아야 한다.

북엇국도 추천 음식이다. 북어에는 글루타민산과 아스라파긴산 등의 아미노산이 풍부해 간을 보호해주는 효과가 있다. 조개에 들어 있는 타우린 역시 아미노산의 일종이다. 타우린은 알코올 분해로 지친 간의 부담을 덜어주고 간세포의 재생을 촉진하는 역할을 한다.

선짓국은 소의 피인 선지와 우거지를 넣어 함께 끓인 음식이다. 선지에는 철분과 단백질이 풍부하다. 선지의 단백질이 분해돼 발생하는 펩타이드는 해독 작용을 해 숙취가 빨리 해소되도록 한다. 다만 너무 맵거나 뜨거운 해

숙취에 피해야 할 음식

술은 술로 풀어야 한다고 해장술을 먹는 것은 '간을 두 번 죽이는 행위'나 다름없다. 간에서 처리해야 할 알코올 양이 늘어나기 때문에 간에 이중 부담을 안겨주는 것이다. 커피나 홍차 같은 카페인 음료도 술 마신 다음 날에는 가급적 삼간다. 이뇨 작용으로 인해 탈수를 조장할 수 있다.

장국은 위 점막에 자극을 주기 때문에 맑은국으로 식혀 먹는 게 낫다.

　해장국 못지않게 숙취 해소에 도움이 되는 성분은 비타민C와 카테킨이다. 비타민C는 간에서 알코올이 대사될 때 소비되기 때문에 비타민C를 섭취하면 알코올 배출 속도가 빨라진다. 대표적인 숙취 해소 음식은 감이다. 비타민C가 풍부해 술독을 풀어주고 과음 후 원기회복에도 좋다. 단감이나 곶감·홍시 모두 숙취 해소에 좋다.

　녹차의 떫은맛 성분인 카테킨도 좋다. 카테킨은 숙취의 주범인 아세트알데히드의 분해와 혈액순환을 도와준다. 칡에도 카테킨이 들어 있어 숙취 해소제로 이용된다. 오이를 잘라 그늘에 말린 뒤 차로 끓여 마시거나 생즙으로 갈아 마셔도 술독을 푸는 데 그만이다.

　당분이 많은 꿀물도 괜찮다. 과음을 하면 혈당이 떨어질 수 있어 당분 보충에도 좋고 과당을 섭취하면 혈중 알코올 농도가 훨씬 빠르게 줄어든다. 술을 마시면 탈수 증세가 나타나고, 수분이 소변으로 빠져나갈 때 미네랄 같은 각종 전해질도 함께 배출된다. 따라서 아침에는 맹물보다는 당과 전해질을 빠르게 보충할 수 있는 보리차·과일주스·이온음료 등을 마시면 숙취 해소에 효과적이다.

저칼로리 식품과 다이어트

다이어트는 남녀를 불문하고 최대 관심사다. 다이어트는 평생 해야 한다지만 온갖 방법을 해봐도, 남들 하는 것 모조리 따라 해봐도 꿈쩍도 하지 않는 몸매를 보면 한숨이 난다. 당장 포기하고 싶은 마음이야 굴뚝같지만 오늘도 다이어트는 진행형이다.

다이어트에 대한 고민으로 요즘 저칼로리 음식에 대한 소비자들의 관심이 높다. 살을 빼려는 사람들의 대부분은 육류 등 기름기가 많은 음식만 피하면 다이어트에 성공할 수 있다고 생각한다. 하지만 열량이 적다는 함정에 빠져 안심하고 정량보다 많이 먹거나 칼로리가 적은 음식으로 잘못 알고 섭취하면 다이어트는 말짱 도루묵이다.

여름철에 다이어트 식품으로 냉면·비빔국수 등을 많이 찾는다. 하지만 이들 식품에는 한끼 식사로 충분한 칼로리가 들어 있다. 물냉면(420g) 한 그릇이 410kcal, 비빔냉면(300g)은 445kcal, 비빔국수(220g)는 495kcal에 해당한다. 하지만 밥보다 냉면의 열량이 훨씬 낮다고 생각하는 사람들이 많다.

초밥도 저칼로리 식품으로 오해하는 경우가 많다. 생선회가 담백하고 기름지지 않아 열량이 적을 것으로 생각하기 쉽다. 하지만 초밥은 밥 자체에 기름·소금·식초 등 양념이 들어가는 데다 생선회 자체에도 단백질·지방이 포함돼 있어 칼로리가 생각보다 높다. 실제 새우초밥 한개는 55kcal, 참치초밥은 75kcal, 유부초밥(50g)은 90kcal에 달한다. 초밥 몇 개만 먹으면 웬만한 식사 한 끼를 먹은 것과 비슷한 열량이 된다.

밥 대신 간편하게 먹을 수 있는 김밥·빵·샌드위치 등도 칼로리가 낮지 않다. 김밥 한 줄(300g)은 485kcal, 참치김밥은 570kcal, 쇠고기김밥은 560kcal나 된다. 여기에 라면 한 개(500kcal)를 같이 먹으면 1,000kcal는 훌쩍 넘는다. 편의점에서 판매하는 삼각김밥도 대부분 개당 160~200kcal에 해당한다. 빵을 좋아하는 이들은 다이어트를 위해 바게트나 베이글 등을 고르는 경우가 많

- 식사하기 30분 전에 물을 마신다.
- 음식은 작은 그릇에 담아 천천히 먹는다.
- 찌개나 국은 건더기만 먹고, 끼니를 거르지 않는다.
- 외식할 때는 패스트푸드보다 슬로푸드를 선택한다.

다. 바게트(100g)는 295kcal, 베이글(100g)은 350kcal에 해당하는데 여기에 잼이나 크림 등을 발라 먹으면 칼로리는 더 높아진다. 샌드위치 1인분(150g 기준)의 경우 참치샌드위치는 355kcal, 햄치즈샌드위치는 360kcal에 해당한다.

채소를 주재료로 하는 샐러드는 식이섬유가 많아 포만감을 주기 때문에 다이어트식으로 인기다. 샐러드만으로 식사를 대신하는 여성들도 많다. 하지만 방심은 금물. 샐러드 위에 뿌려 먹는 드레싱의 열량이 만만치 않기 때문이다. 샐러드 1인분에 들어 있는 채소 칼로리는 100kcal 정도지만 드레싱은 400~500kcal에 달한다. 샐러드 한 접시만 먹어도 500kcal가 넘는 것이다. 살찔 염려가 없을 것으로 생각해 고른 샐러드 한 접시 열량이 짜장면 한 그릇과 맞먹는다.

드레싱으로 많이 먹는 '허니머스터드' '사우전드아일랜드' 등의 주재료는 마요네즈다. 마요네즈는 대부분 지방 성분이라 칼로리가 높다. 허니머스터드는 1큰술이 100kcal이다. 따라서 칼로리를 줄이려면 마요네즈 대신 간장이나 과일식초를 이용한 드레싱을 먹는 게 좋다. 사람들은 저칼로리 식품인 것을 아는 순간 체중 증가에 대한 두려움이 줄면서 정량보다 더 먹는 경향이 있다고 한다. 또 포만감을 덜 느껴 더 많은 칼로리를 섭취할 수도 있다. 그렇기 때문에 전체적으로 먹는 양 조절에 세심한 신경을 써야 다이어트에 성공할 수 있다.

품격 있는 **음주의 기술**

1년 중 술 소비가 가장 많은 달은 12월이다. 12월 달력에는 연말 모임 등 술자리 약속이 빼곡하게 적혀 있기 마련이다. 적당한 술은 기분을 좋게 하고 긴장과 스트레스를 풀어준다. 하지만 술자리가 잦다 보면 몸이 상하고, 과하게 먹다 보면 숙취 등의 후유증에 시달리게 된다. 그렇다고 매번 핑계를 대며 빠질 수도 없다. 혹사당할 간에게 미리 만발의 준비를 시킨다고 될 일도 아니다. 연말에 어쩔 수 없이 술을 마셔야 한다면 건강을 해치지 않으면서 현명하게 마시는 수밖에 없다. 누군가 그러지 않았던가. "피할 수 없다면 즐겨라."

건강 음주의 제1원칙은 '공복에 술을 마시지 말라'는 것이다. 속이 빈 상태에서 술을 마시게 되면 알코올이 빨리 흡수되고 혈중 알코올 농도도 급격히 올라간다. 또 위 점막을 자극해 위염 등을 초래할 수 있다. 따라서 술자리 1~2시간 전에 가벼운 식사를 하거나 우유나 물을 충분히 마셔두는 게 좋다. 위에 음식물이 들어 있으면 알코올이 천천히 흡수돼 빨리 취하는 것을 막아준다.

제2원칙은 '천천히 적당히 마실 것'. 사람마다 주량과 알코올 분해 속도는 다르다. 보통 알코올 분해 능력을 감안할 때 성인의 하루 적정 음주량은 알코올 50g 이하다. 소주로 치면 2잔, 맥주는 2~3잔, 양주 2잔, 막걸리 2잔 정도다. 주량이 약한 사람들이 덜 취하려고 사이다 등 탄산음료를 섞어 마시는 경우가 있다. 그런데 오히려 탄산가스가 소장에서 알코올의 흡수를 촉진한다. 양주나 소주에 맥주를 섞어 마시는 폭탄주 역시 맥주의 탄산가스가 알코올 흡수 속도를 높이므로 피해야 한다.

제3원칙은 '담백한 안주를 곁들여라'. 흔히 소주에는 삼겹살, 맥주에는 치킨이 딱이라고 생각하지만 기름진 안주는 살찔 염려가 있어 좋지 않다. 알코올 흡수를 더디게 하고 해독을 도와주는 저지방 고단백 음식이 제격이다.

술 마시고 난 후엔 이렇게

술을 적정량 마셨더라도 다음 술자리까지는 적어도 2~3일의 간격을 둬야 한다. 간이 회복하는 데 2~3일 정도가 필요하기 때문이다. 술 마시고 난 후 잠은 충분히 자는 게 좋다. 하지만 사우나는 몸에 해롭다. 알코올이 이뇨 작용을 일으키고, 몸 안에 수분과 전해질이 부족한 상태에서 억지로 땀을 빼게 되면 위험하기 때문이다.

두부나 생선, 해산물, 기름기가 적은 살코기 등이 좋다. 비타민과 무기질이 풍부한 과일도 괜찮다.

'술 마시는 동안 말을 많이 하라'. 제4원칙이다. 말을 하면 호흡으로 배출되는 알코올 양이 많아지고 음주 속도도 느려진다. 술 마신 뒤 노래를 부르는 것도 알코올이 몸 밖으로 빠져나가 술이 빨리 깨도록 도와주는 효과가 있다고 한다.

제5원칙은 '술 마실 때 담배는 멀리, 물은 가까이하라'. 술이 몸 안에 들어가면 알코올을 해독하기 위해 간은 많은 양의 산소를 필요로 한다. 그런 상태에서 담배를 피우게 되면 산소 결핍이 초래될 수 있다. 체내 산소가 부족하면 술에 더 빨리 취하고 깨기가 힘들어진다. 반면 물은 알코올이 체내에 흡수되는 것을 막아주고, 포만감을 줘 음주량을 줄일 수 있다. 또한 술 때문에 생기는 탈수를 예방하는 데도 효과적이다.

술을 마신 후 '해장은 맑은국으로 하라'가 제6원칙이다. 해장하는 데는 맑은국이 좋다. 얼큰한 국물은 오히려 몸을 더 망친다. 맵고 자극적인 음식은 위에 부담을 줘 위염이나 위출혈 등의 장애를 일으킬 수 있다. 콩나물국이나 북엇국·조개탕 등을 먹는 게 바람직하다. 아침에는 꿀물이나 식혜·이온음료·과일주스 등을 마시는 게 도움이 된다.

머리카락 한 올에 가슴이 철렁

가을에 낙엽이 우수수 떨어지듯 환절기엔 머리카락이 유난히 많이 빠진다. 머리 감을 때 세면대 구멍에 머리카락이 수북하면 가슴이 철렁 내려앉는다. 예전에는 탈모를 중년 남성들만 겪는 고민으로 생각했다. 요즘에는 여성은 물론 20~30대 젊은 층에서도 심각한 고민거리가 되고 있다. 머리가 빠져 숱이 적으면 나이가 더 들어 보이고, 사람들을 만날 때면 머리만 유심히 쳐다보는 것 같아 자신감이 떨어지기도 한다.

탈모는 유전적인 요인이 크지만 과다한 업무, 스트레스, 무리한 다이어트, 잘못된 식습관, 환경오염 등 후천적인 요인도 큰 영향을 미친다. 또 지방질 위주의 식습관이나 지나친 음주·흡연 등은 모근의 영양 공급을 억제하고 과다한 피지 분비로 잡균 번식을 쉽게 만들어 탈모를 유발한다. 편식으로 인해 모발에 영양분이 충분히 공급되지 않는 것도 원인이다. 탈모를 예방하기 위해서는 무엇보다 생활 습관이 중요하다. 평소에 두피 건강에 좋은 음식을 섭취해 탈모를 미리 막는 것도 좋은 방법이다.

머리카락의 성장을 촉진하고 탈모를 지연시키는 데 필요한 영양소는 단백질·비타민·불포화지방산·미네랄 등이다. 특히 모발 건강을 위해서는 단백질 섭취가 필수다. 모발은 케라틴이라는 단백질로 구성돼 있기 때문이다. 단백질을 충분히 섭취하지 않으면 생장기의 모발이 줄어들고 휴지기의 모발이 늘어나 탈모로 진행되기 쉽다.

단백질이 풍부한 식품으로는 콩·생선·우유·달걀·검은깨·검은콩·살코기 등을 들 수 있다. 특히 검은콩은 "흰머리를 검게 해준다"는 말이 있을 정도로 탈모 예방음식으로 유명하다. 검은콩은 식물 중 단백질 함량이 가장

탈모에 나쁜 음식

라면·햄버거·피자·돈가스 같은 가공식품과 커피·담배 같은 기호 식품 그리고 콜라·사이다 같은 청량음료다. 인스턴트식품과 패스트푸드는 혈중 콜레스테롤을 늘려 모근에 필요한 정상적인 영양 공급을 방해한다. 이로 인해 탈모가 일어나거나 머리카락의 성장이 억제될 수 있다. 설탕이 지나치게 많이 들어간 과자나 케이크, 너무 맵거나 짠 음식, 기름기가 많은 음식도 탈모를 부추기므로 피한다.

많고 불포화지방산이 풍부해 혈액순환을 원활하게 하므로 두피에 필요한 영양분을 공급해 준다. 또 머리카락을 자라게 하는 기능도 한다.

간·장어·달걀노른자와 시금치 등의 녹황색 채소에는 케라틴 형성에 도움을 주는 비타민A가 풍부하다. 비타민A가 부족하면 모발이 건조해지고 윤기가 사라진다. 땅콩·호두·잣·아몬드와 같은 견과류도 탈모 방지에 더없이 좋다. 이들 식품이 함유하고 있는 비타민E는 혈액순환을 도와 모발의 생장을 촉진하고 윤기가 나게 해준다.

고등어·꽁치·참치 등의 등푸른 생선도 권할 만하다. 이들 생선은 불포화지방산이 많이 들어 있어 모발의 성장을 촉진하고 모근에 영양소가 잘 공급될 수 있도록 혈액의 흐름을 원활하게 해준다.

미역·김·다시마·파래와 같은 요오드가 풍부한 해조류도 탈모 예방 효과가 있다. 요오드는 머리카락을 만드는 갑상선호르몬의 원료가 되는 영양소이기 때문이다. 또 탈모를 유발하는 남성호르몬 유도체인 디하이드로 테스토스테론(DHT) 합성을 억제해 탈모를 예방해 준다. 해조류는 이밖에도 피를 맑게 하고 머릿결을 윤기 있게 해준다.

7

안전한 식탁이
행복을 부른다

가족의 건강을 위해
천연 조미료를 만들어보자.
마른 멸치와 다시마,
표고버섯 등을 갈아
병에 담아두면
요긴하게 쓸 수 있다.

과일·채소 잘 씻으면 **농약** 걱정 뚝

질문 : 과일이나 채소를 씻을 때 이물질이나 잔류농약을 없애는 가장 효과적인 방법은?

보기 : ①흐르는 물에 씻는다 ②물을 받아놓고 씻는다 ③소금이나 식초 탄 물에 씻는다. 정답은 ②번이다.

국내에 유통되는 농산물의 99%가 농약잔류 허용기준에 적합하다고 한다. 잔류농약이 대부분 허용기준 내에 있는 것은 농약이 비바람·햇빛·미생물·공기 중의 산소 등에 의해 자연 분해되거나 자체 분해돼 거의 남지 않기 때문이다. 또한 일부 표면에 붙어 있는 농약은 세척을 통해 어느 정도 제거할 수 있다.

가정에서 상추·파·쑥갓·고추 등의 채소를 씻을 때 일반적으로 수돗물을 틀어놓고 흐르는 물에 씻는다. 잔류농약이나 이물질이 가장 잘 씻겨 내려갈 것으로 생각하기 쉬운데, 실제로는 흐르는 물보다 그릇에 물을 받아놓고 씻는 것이 더 효과적이다. 이 같은 사실은 식품의약품안전청의 실험 결과에서 확인됐다.

식약청은 수확 전날 풋고추·상추·파·쑥갓 등에 농약을 뿌린 후 받아놓은 물과 흐르는 물로 세척해 농약 감소율을 조사했다. 받아놓은 물 세척은 수돗물 6ℓ에 채소 100g(고추의 경우 300g)을 넣고 1분 동안 담가뒀다 물을 버린 후 같은 양의 새 물로 30초 동안 손으로 저으면서 2회 씻었다. 흐르는 물 세척은 같은 양의 물에 1분간 담근 후 바구니에 건져내고 흐르는 물에 1장씩 앞면과 뒷면을 각각 3초씩 씻었다. 고추의 경우는 1개씩 6초간 씻었다. 그 결과 풋고추는 흐르는 물에 씻었을 때 잔류농약 제거율이 48%였으나 받아놓은 물에 씻었을 때는 59%로 높아졌다. 파는 49%에서 58%로, 상추는 70%에서 80%로 높아져 흐르는 물보다 그릇에 물을 받아놓고 씻는 게 더 효과적인 것으로 나타났다.

소금과 식초의 농약 제거 효과

일부 소비자들은 소금·식초·숯·베이킹파우더 등을 물에 넣고 씻으면 농약 제거 효과가 높은 줄 알고 있다. 하지만 이는 이론적으로 근거가 없다. 그냥 물로만 씻었을 때와 농약 제거 효과는 별반 차이가 없다.

　이처럼 그릇에 물을 받아 씻는 방법이 농약을 제거하는 데 효과가 높은 것은 채소가 물과 접촉하는 횟수와 시간이 길어지기 때문이다. 또 흐르는 물에 씻는 것보다 물 사용량과 세척 시간을 줄일 수 있는 장점도 있다.

　따라서 채소를 농약 걱정 없이 안심하고 먹으려면 우선 그릇에 물을 받아 1분 정도 채소를 담가둔 후 물을 버리고, 새로운 물을 받아 손으로 저어주면서 30초 동안 씻는다. 다시 새 물로 갈아 같은 방법으로 30초 정도 세척하고 난 뒤 마지막으로 흐르는 물에 헹구면 잔류농약과 이물질이 제거된다.

　잔털이 많은 깻잎이나 상추는 농약이 잔류할 가능성이 있어 다른 채소류보다 충분히 씻는 게 좋다. 물에 5분 정도 담갔다가 30초간 흐르는 물에 씻으면 된다.

　파는 아랫부분에 농약이 많다고 떼어버리는 경우가 있는데, 실제는 뿌리보다 잎에 잔류할 수 있다. 따라서 외피 한 장을 떼어내고 물로 세척하면 좋다.

　딸기·포도 등의 과일 역시 1분간 물에 담근 후 물을 버리고 손으로 저으면서 2~3회 정도 세척한 뒤 마지막에 흐르는 물에 헹구면 된다. 포도의 경우 알이 촘촘하게 박혀 있어 안쪽을 깨끗이 씻기 어려운 만큼 송이를 적당하게 잘라내 씻으면 이물질을 제거하기가 쉽다.

냉장고 너무 믿다간 발등 **찍힌다**

비와 무더위가 반복되는 여름철. 사람들은 이런 날씨를 무지무지 싫어하지만 물 만난 듯 환호성을 지르는 놈(?)이 있다. 바로 식중독균이다. 우리나라의 여름철 기온은 식중독균이 활동하기에 아주 적합한 조건이다. 그만큼 식중독에 걸릴 위험이 커진다. 그렇다면 믿을 곳이라곤 냉장고밖에 없는데, 냉장고라고 해서 과신해서는 안 된다.

식품의약품안전청과 소비자시민모임이 전국의 주부 2000명을 대상으로 냉장고 사용 실태를 조사한 결과, 64%가 '냉장고에 식품을 보관하면 안전하다'고 믿었다. 하지만 한 달에 한 번 이상 청소하는 주부는 42%로 절반에도 못 미쳐 위생 관리가 제대로 이뤄지지 않았다. 냉장고에 음식물을 보관하면 세균의 증식을 억제할 수는 있다. 하지만 세균이나 독소를 제거하지는 못하기 때문에 각별한 주의가 요구된다.

냉장고에 주로 보관하는 음식물은 육류와 생선·채소류다. 이들 식품을 보관할 때는 기본적으로 개별 용기를 사용하는 게 좋다. 하나가 오염되면 주변의 다른 식품까지 위험에 노출되기 때문이다. 채소는 깨끗이 씻어 비닐봉지 등에 보관하는 게 좋다. 흙이 묻어 있는 채로 저장하면 각종 세균이 다른 식품을 오염시킬 수 있다.

갈아놓은 쇠고기나 생선류는 온도 변화가 적은 냉장고 안쪽이나 냉동고에 넣어둔다. 냉장 보관(5℃)할 때는 1~2일, 냉동실(-16~-18℃)에서는 1~2개월이 적당하다. 육류는 사 온 즉시 먹을 만큼 나눠 보관하면 편하다. 덩어리째 보관하면 냉동과 해동하는 과정에서 육즙이 빠져나가 맛이 떨어진다. 고기 표면에 식용유를 살짝 발라 랩으로 싸서 냉동실에 넣어두면 오래 보관할 수 있다.

육개장 등 탄수화물이 적은 탕이나 국, 찌개류는 조리 후 최대한 빨리 식혀 냉장고에 넣되 보관 기간은 2~3일을 넘지 않는 게 좋다.

올바른 냉장고 사용법
· 전체 용량의 70% 정도만 채워야 냉기
  의 순환이 잘돼 적정 온도가 유지된다.
· 큰 포장 식품은 1회 분량으로 나눠 보관
  한다.
· 뜨거운 음식은 충분히 식힌 후 보관하
  고, 냉장고 문을 자주 여닫지 않는다.
· 장기간 보관하거나 온도 변화에 민감한
  식품은 냉동고 안쪽 깊숙이 넣어둔다.

　　요리하고 남은 햄이나 소시지는 잘라낸 자리에 식초를 바른 뒤 랩에 싸서 보관한다. 참치캔 등 통조림 제품은 개봉 즉시 다른 용기에 옮겨 담고, 옥수수·콩 통조림은 국물을 버리고 건더기만 찬물에 헹궈 보관한다. 이렇게 잘 보관했다 해도 안심은 금물이다. 식중독균 중에는 저온에서 사는 균도 있다. 따라서 냉장고에 보관했던 음식을 먹을 때는 70℃에서 3분 이상 가열해야 한다.

　　냉동실에 넣어둔 식품을 녹일 때 조리대에 그냥 올려놓는 경우가 많은데, 이는 잘못된 습관이다. 실온에서 해동하게 되면 식중독균이 증식할 위험이 있기 때문에 냉장실이나 전자레인지를 이용해야 한다. 또한 해동할 때는 사용할 만큼만 내놓고, 해동이 끝나면 바로 조리에 들어가는 것이 안전하다.

　　페트병에 들어 있는 탄산음료를 먹고 남으면 뚜껑을 닫고 거꾸로 세워둔다. 이렇게 하면 김이 빠지지 않아 음료의 맛이 그대로 유지된다. 음식이 오래됐지만 쉰 맛이 나지 않으면 먹는 경우가 있다. 하지만 이는 어리석은 짓이다. 쉰 맛이 나지 않아도 식중독을 일으킬 수 있기 때문에 의심이 가는 음식은 과감히 버려야 한다. 그리고 한 달에 한 번 냉장고를 청소하는 것도 잊지 말자.

도대체 **엠에스지** MSG 가 뭐길래

텔레비전 오락 프로그램에서 본 일이다. 출연자 중 한 명이 식사 준비를 하다 국물 맛이 영 안 난다며 몰래 라면 수프를 집어넣고는 맛있다고 손뼉을 쳤다. 나중에 국물 맛의 비밀을 알게 된 출연자들은 음식 맛에 뭔가 부족하다 싶을 때는 라면 수프만 있으면 해결된다고 이구동성으로 라면 수프를 예찬(?)했다. 이렇게 밋밋하면서 뭔가 부족한 맛을 그럴듯한 맛으로 변신시킨 '마법의 가루'는 라면 수프에 들어 있는 화학조미료다. 조미료는 시간과 노력을 크게 들이지 않고서도 음식의 맛을 기가 막히게 해준다. 재료가 모자라도 조미료만 넣으면 쇠고기육수 맛과 멸치국물 맛이 뚝딱 만들어진다.

그중에서도 식품의 안전성 논란의 중심에 있어 웬만한 주부들은 다 아는 조미료가 엠에스지(MSG)다. 최근 식품 포장지에 '無(무) MSG' 'MSG 무첨가'라는 문구가 눈에 띈다. 식품 업체들도 'MSG 무첨가'를 선언하며 신제품을 내놓고 있다. 이유는 MSG의 안전성 논란이 여전하고, 잘 먹고 잘 살자는 웰빙 문화가 소비 대세로 자리 잡으면서 소비자들이 MSG제품을 기피하기 때문이다.

MSG는 인공 화학조미료를 대표하는 물질로, 식품 표기란에는 'L-글루탐산나트륨'이라고 쓴다. 주로 라면·만두·스낵·소스·통조림 등의 가공식품에 들어간다. MSG를 음식에 넣으면 신맛과 쓴맛을 완화하고 단맛에 감칠맛을 더해 음식의 맛과 향을 증진시킨다. 이 MSG는 1990년대 'MSG 무첨가'를 앞세운 조미료가 등장하면서 유해성 논란이 불거졌다. 다량의 MSG를 섭취하면 불쾌감·근육경직·메스꺼움 등의 증상이 나타나기도 한다.

특히 중국 음식을 먹고 난 후 이런 증상을 호소하는 사람이 많아 '중국음식증후군'이라는 말이 있을 정도다. 그렇지만 아직까지 MSG가 위험하다고 단정 지을 수 없으며, 그렇다고 완전히 안전하다고 할 수도 없다.

MSG의 발견

1908년 일본의 이케다 키쿠나 박사가 다시마 추출물에서 MSG를 처음 발견했다. 다시마 국물에는 인간이 느끼는 단맛·신맛·쓴맛·짠맛의 4가지 맛 외에 '감칠맛'이라는 제5의 맛이 존재하는데, 이 맛이 글루탐산나트륨에서 비롯된다는 것을 밝혀냈다. 다시다 국물 맛을 인공적으로 합성한 MSG가 '아지노모토' 라는 상품명으로 판매되기 시작했고, 이후 화학조미료의 대명사로 자리 잡았다.

글루탐산은 아미노산의 일종으로 다시마·버섯·육류·김 등의 식품에 존재하는 천연 물질이다. MSG를 옹호하는 사람들은 이 성분이 자연에도 존재하고 있고, 인체에 해를 준다는 증거는 어디에도 없다고 주장한다. 반대로 일부 연구에서는 유해성이 제기되면서 논란이 분분하다.

다만 많은 소비자들이 'MSG=화학조미료'로 인식하고, 'MSG 무첨가' 표시 제품에는 어떤 화학조미료도 일절 사용하지 않았거나 없는 것으로 이해한다. 하지만 이런 제품이라도 MSG만 빠져 있을 뿐 다른 인공조미료는 얼마든지 들어갈 수 있다. 성분 표시란에 '향미증진제'라는 표기가 있거나 '구아닐산나트륨' '이노신산나트륨' 등이 쓰여 있다면 다른 인공조미료가 첨가된 것이다.

따라서 가족의 건강을 위해 집에서는 되도록 화학조미료 사용을 줄이고, 대신 천연조미료를 만들어 사용해보자. 마른 멸치와 다시마, 표고버섯 등을 갈아 병에 담아두면 요리에 요긴하게 쓸 수 있다. 마른 새우가루는 국이나 찌개 요리에 다양하게 이용된다. 자투리 채소를 모아 끓인 국물이나 다시마 우린 물은 국물 요리에 이용하면 감칠맛을 내준다.

마법의 가루 식품첨가물

팜유·정제염·산도조절제·구아검·유화유지·고추맛베이스·포도당·복합감칠맛분·마늘시즈닝·글루텐·정백당·향미증진제…. 국민 대표 간식 라면 속에 들어 있는 식품첨가물이다. 한 제품을 만드는 데 이렇게 많은 첨가물이 들어가다니….

멜라민 파동이 전국을 떠들썩하게 만들기 전까지만 해도 식품을 살 때 성분표시를 눈여겨본 적이 없다. 식품 포장지 뒷면에 생전 듣도 보도 못한 이름의 첨가물들이 깨알 같은 글씨로 빽빽하게 쓰여 있는 걸 보고 놀랐다. 도대체 식품첨가물이 하는 역할은 뭘까.

식품첨가물이란 식품을 조리·가공할 때 품질을 좋게 하고 보존성과 색·맛 등을 향상시키기 위해 넣는 물질이다. 현재 국내에서 사용이 허가된 식품첨가물은 600여 종에 이른다. 제품을 오래 보존해주는 보존료, 식품의 단맛을 돋워주는 감미료, 식품의 색깔을 좋게 만들어주는 착색료, 지방의 산패를 막아주는 산화방지제, 물과 기름이 잘 섞이도록 해주는 유화제 등이 대표적이다. 식품첨가물은 동전의 양면과 같아서 '독'과 '약'을 가지고 있다. 지난 100년 동안 식품첨가물이 우리의 식탁을 보다 경제적이고 풍요롭게 해준 점은 인정한다. 하지만 안전한 사용기준치 안에서 본연의 목적대로 사용되지 않는다거나 가공식품을 무분별하게 섭취할 경우 우리의 건강을 위협하는 무기가 된다.

우리가 하루에 섭취하는 식품첨가물의 양은 대략 10g 정도다. 1년이면 약 4kg, 80세까지 산다고 가정하면 320kg을 먹는 셈이다. 식품첨가물은 체내에 들어가면 50~80%는 호흡기나 배설기관을 통해 몸 밖으로 배출된다. 나머지는 몸 안에 쌓이고 장기간 먹을 경우 인체에 어떤 영향을 줄지 누구도 장담하지 못한다.

일부 식품첨가물은 특정 질병을 가진 사람에게는 소량으로도 위험을 초래할 수 있다. 표백제와 보존료로 쓰이는 아황산나트륨은 천식 환자에게 해롭다. 과학적인 증거가 확실치는 않지만 식품첨가물이 아토피 증상을 악화시키거나 유발한다고도 알려져 있다. MSG로 잘 알려진 감칠맛을 내는 글루탐산나트륨은 중독되면 호흡곤란과 안면마비 등이 일어난다.

아이들이 좋아하는 햄·소시지 등 육가공품에 들어가는 아질산나트륨은 독성이 강해 독일에서는 이미 사용이 금지됐다. 부패를 방지하고 저장 기간을 늘리는 첨가물로 간장·청량음료·절임류 등에 쓰이는 소르빈산은 돌연변이와 유전자 손상을 일으킬 수 있는 것으로 알려져 있다. 음료와 드링크제의 보존료로 사용되는 안식향산나트륨은 비타민C와 만나면 1급 독성 물질인 벤젠이 만들어진다.

식품첨가물의 불편한 진실을 알게 된 이상 식품을 무분별하게 사 먹을 수는 없다. 가능하면 가공식품보다는 자연식품을 선택하자. 가공식품을 사야 한다면 포장지에 나열된 첨가물 정보를 꼼꼼히 읽고 최대한 덜 들어간 제품을 고르는 게 최선이다.

식품첨가물의 종류

용도	대표적 첨가물	식품
보존료	아황산나트륨·소르빈산·데히드로초산나트륨·안식향산나트륨 등	햄·소시지·청량음료·초콜릿·고추장·마가린·간장 등
착색료	식용색소 황색4호·적색2호·코치닐추출색소	사탕·음료·햄·과일주스·아이스크림 등
산화방지제	부틸히드록시아니솔·아스코르빈산 등	크래커·수프·마요네즈·주스 등
향미증진제	L-글루탐산나트륨(MSG)	자장면·어묵 등
발색제	아질산나트륨·아초산나트륨	햄·소시지·어묵 등

식품**첨가물** 이렇게 **줄이자**

슈퍼마켓의 진열대에 놓여 있는 가공식품 가운데 식품첨가물이 들어 있지 않은 제품을 찾기란 쉽지 않다. 보통 한 제품에 적게는 3~4종, 많게는 20여 종의 첨가물이 들어 있다. 무첨가 제품이 있기는 하지만 극히 일부다. 최근 웰빙 바람과 함께 식품 안전성에 대한 관심이 높아지면서 식품 업체들이 소비자 눈치를 보기 시작했고, 식품첨가물을 줄이려는 움직임도 보인다.

식품 업체들이 식품첨가물을 포기하기란 쉽지 않다. 적은 비용으로 제품을 손쉽게 만들수 있기 때문이다. 가령 레몬주스를 만든다고 하면 연노란색은 타르색소인 황색4호로 내고, 구연산으로 새콤한 맛을 낸다. 상큼한 레몬 향도 값비싼 천연 레몬 대신 향료만으로 충분하다. 이렇게 저렴한 식품첨가물로 본래의 맛과 향·색 등을 충분히 살릴 수 있다면 굳이 비싼 원료를 사용할 이유가 없는 것이다. 몸에 덜 해로운 첨가물을 개발할 수도 있지만 들어가는 비용이 만만치 않다. 이런 이유 때문에 식품 업체들이 첨가물을 포기하지 못하는 것이다.

가공식품이 넘쳐나는 시대에 소비자들은 첨가물로부터 자유로울 수가 없다. 하지만 조리 과정에서 조금만 신경 쓰면 식품첨가물의 섭취를 줄일 수 있다. 우선 옥수수·콩 등의 통조림 제품은 방부제나 산화방지제 등이 들어가며 알루미늄 용기에 오랫동안 담겨 있다. 따라서 사용 전 함께 들어 있던 국물을 따라 버리고 내용물은 체에 걸러 흐르는 물에 헹궈준다. 통조림에 들어 있는 색소는 대부분 수용성이라 헹궈주면 첨가물이 줄어든다. 완두는 끓는 물에 한 번 데쳐 사용하는 것이 좋다. 요리 후 남은 것은 유리병이나 밀폐용기에 옮겨 담아 보관한다. 단 개봉 후에는 빠른 시간 안에 먹는 것이 좋다.

햄·소시지 등 육류 가공품에는 색을 좋게 만드는 발색제를 비롯해 보존제·산화방지제 등의 첨가물이 들어간다. 조리하기 전에 끓는 물에 5분 정도 데치면 불그스름한 색소가 빠져나올 뿐 아니라 햄 속의 염분도 줄일 수 있다. 비엔나소시지의 경우는 칼집을 내어 데쳐야 첨가물이 많이 빠져나온다. 베이컨은 음식을 만들기 전에 한 장씩 떼어 마른 프라이팬에 살짝 구운 다음 종이타월에 얹어 기름을 빼낸다.

어묵은 기름에 튀기기 때문에 시간이 지나면 산패가 일어난다. 조리할 때는 일단 끓는 물에 살짝 데치거나 뜨거운 물을 끼얹는다. 이렇게 하면 보존제, 색소와 함께 어묵 속에 포함된 좋지 않은 기름을 없앨 수 있다. 게맛살은 게살처럼 보이기 위해 착색제 등을 사용하는데, 조리 전에 뜨거운 물에 살짝 담갔다 사용하는 것이 좋다.

단무지에는 방부제·빙초산·각종 화학조미료 등이 첨가돼 있다. 따라서 찬물에 5분 이상 담가두면 색소 등이 제거된다. 빵에는 방부제나 젖산칼륨 등이 남아 있게 된다. 식빵 등은 그대로 먹기보다 프라이팬이나 오븐에 살짝 구워 먹는 게 좋다.

인스턴트식품의 대명사인 라면의 유해 성분을 줄이려면 면을 한 번 끓인 후 물을 완전히 따라 버리고 끓는 물에 다시 조리한다. 산화방지제와 착색제 성분이 없어지고, 면발도 더 쫄깃쫄깃해진다.

건강이냐 불편이냐, 이것이 문제로다

식품첨가물이 건강에 나쁜 것은 알지만 막상 살 때는 색깔과 모양이 좋은 것을 고른다. 햄에는 발색제·방부제·살균제 등이 사용된다. 발색제를 빼면 먹음직스러워 보이는 붉은색을 포기해야 한다. 아이스크림에서 유화제를 빼면 입안에 감도는 부드러움을 반납해야 한다. 보기만 해도 입맛이 도는 예쁜 색과 다양한 향, 맛을 포기하면서 건강을 택할 수 있을까. 말처럼 쉽지 않다. 가공식품에 입맛을 한번 들여놓으면 계속 그 맛을 찾게 되기 때문이다.

식품에 **방사선**을 쏜다고?

방사선을 쪼인 베트남산 '조미 쥐치포'가 대형 마트 등에 유통돼 회수 조치가 내려졌다는 것을 신문과 방송을 통해 가끔 접한다. 방사선 조사(照射)가 허용되지 않는 쥐치포 제품에서 방사선 조사 양성 판정이 나왔다는 보도를 듣고 냉동실에 모셔둔 쥐치포의 원산지를 새삼스레 확인했던 일이 있다. 그 후로는 국내산이 아닌 쥐치포는 어지간하면 사지 않는다.

식품에 방사선을 쏜다는 것이 생소하다는 소비자들이 꽤 있다. 방사선 조사란 방사성동위원소인 코발트60 감마선을 식품의 발아 억제·살균·살충·숙도 지연 등을 목적으로 쪼이는 것을 말한다. 그 예로 건조 향신료에 방사선을 쬐면 유해세균 등이 죽게 되고 유통기한도 길어진다. 감자에 방사선을 쬐면 싹이 나지 않는다. 방사선 조사량은 식품의 맛과 외관 뿐 아니라 품질에 거의 영향을 끼치지 않는 수준에서 품목별로 정해져 있다.

식품에 대한 방사선 조사 이용 기술은 1960년대 우주인에게 공급할 우주식품의 무균처리에 적합한 기술로 인정받은 후부터 본격화됐다. 식품의약품안전청은 현재 감자·양파·마늘·버섯·건조향신료·된장분말·건조채소류 등 26개 품목에 대해서만 방사선 조사를 허용하고 있다. 면역력이 약해 각종 병균에 감염될 위험이 있는 환자를 위한 환자식이나 우주식의 살균에도 이용된다. 다만, 영유아 식품을 만들 때는 방사선 조사 식품을 원료로 쓸 수가 없다.

모든 방사선을 쪼인 식품은 소비자가 알고 선택할 수 있도록 방사선을 조사했다는 표시를 반드시 해야 한다. 수입 식품도 예외는 아니다. 하지만 전문가들은 정해진 조사량에 맞게 처리하면 먹어도 위험하지 않다고 주장한다.

이에 반해 소비자단체는 방사선 조사 식품의 안전성에 대해 의문을 제기하고 있다. 방사선을 쬔 식품을 장기간 먹었을 때의 안전성이 입증되지 않

방사능 오염과 건강

원전 사고로 배출된 세슘·스트론튬·요오드 등 각종 방사성 물질은 주변의 생물에 악영향을 준다. 사람이 과량 피폭되면 암, 유전자 이상, 기형아 출산 등의 위험에 노출된다. 방사능 물질이 땅에 떨어져 논밭으로 침투되면 식물의 뿌리를 통해 흡수돼 농작물에 잔류한다. 오염된 풀이나 사료를 가축이 먹게 되면 고기·우유·계란 등에도 방사능 물질이 남는다. 바닷물에 흘러 들어가면 어패류 등 해산물도 오염된다.

은 데다 방사선 조사 식품에서 암유발, 유전자 손상 등을 일으키는 특이 생성물이 발견됐다는 보고가 있어 아직 안전하다고 단정 짓기는 이르다는 것이다. 국내 소비자들 역시 방사선 조사 식품에 대해 부정적인 시각을 갖고 있다.

한 가지, 소비자들이 방사선 조사 식품과 방사능 오염 식품을 혼동하는 경향이 있다. 방사능 오염 식품은 최근 일본 대지진으로 후쿠시마현 원자력발전소 사고와 과거 옛 소련의 체르노빌 원전 사고처럼 누출된 방사능 물질에 식품이 우발적으로 오염된 것을 말한다. 방사능 오염 식품에는 일정 수준 이상의 방사능 물질이 남아 있어 이를 섭취할 경우 인체 내에서 지속적으로 방사선 에너지가 방출돼 해가 된다. 하지만 방사선 조사 식품은 방사능물질이 식품을 통과할 뿐 남지 않는다.

방사선을 쪼인 식품의 안전성 문제는 여전히 논란거리다. 따라서 소비자가 방시선 조사식품을 안심하고 먹도록 하기 위해서는 이를 정화하게 검출할 수 있는 기술의 표준화가 선행돼야 한다. 또 예측하지 못한 위험을 찾아내기 위한 노력이 계속해서 이뤄져야 한다.

카페인의 두 얼굴

예전에 텔레비전 방송 '위기탈출 넘버원'을 보았다. 평소 아이들이 즐겨 보는 프로그램인데 같이 보자고 조르는 터에 옆에 앉았다. 그날 내용은 아이들이 커피를 마시지 않더라도 과자·케이크·탄산음료 같은 간식으로 카페인에 중독될 수 있다는 것이었다. 아이들이 좋아하는 과자와 음료 등 간식류에 카페인이 들어 있는 건 알았지만 그렇게 많이 첨가된 줄은 미처 몰랐다. 특히 녹차나 카카오 열매로 만든 과자류의 카페인 함량을 보고 놀랐다.

우리가 하루 동안 먹는 카페인의 양은 생각보다 많다. 커피(12g 커피믹스 1봉 69mg)는 물론, 녹차(티백 1개 15mg), 콜라(250㎖ 1캔 23mg), 초콜릿(30g 1개 16mg) 등에도 함량이 만만치 않다. 감기약(30mg), 피로회복제(46mg) 등에도 카페인이 들어 있다. 별생각 없이 먹는 음식을 다 포함하면 하루 적정 섭취량을 훌쩍 넘길 수도 있다. 아이들의 경우 입맛에 맞는 간식은 자꾸 찾는 경향이 있어 많은 양의 카페인을 섭취할 수 있다.

예를 들어 체중이 30kg인 어린이가 하루 커피맛 우유(47mg), 콜라(23mg), 초콜릿(16mg)을 먹었다면 총 86mg의 카페인을 섭취하게 된다. 어린이 하루 섭취 기준량 75mg을 넘어 카페인 중독에 빠질 수 있다. 식품의약품안전청이 정한 성인의 하루 카페인 섭취량은 400mg 이하, 어린이는 체중 1kg당 2.5mg 이다.

약간의 카페인 섭취는 건강에 도움이 된다. 예로부터 카페인의 잔틴 성분은 기관의 근육을 이완시켜 기관지 천식을 치료하는 약제로 쓰였다. 카페인은 또 기억력과 집중력을 높여 업무 능률을 향상시킨다. 졸릴 때 카페인을 섭취하면 정신이 맑아지고 피로가 해소된다. 운동 중에 커피 한 잔의 카페인을 섭취하면 지구력이 강화된다는 호주 스포츠연구소의 발표도 있다. 최근에는 노인들이 하루 3잔의 커피를 마시면 기억력과 사고력 감퇴를 막을

카페인의 정체

카페인은 커피 열매 안의 씨앗·찻잎, 코코아와 콜라 열매, 마테차 나무와 구아바 열매 등에 들어 있다. 식물이 자신을 못살게 구는 해충을 죽이거나 마비시키기 위해 분비하는 일종의 천연 살충제로, 쓴맛이 나는 흰색의 가루다. 카페인이 현대인의 기호식품이 된 것은 중추신경을 자극해 각성 효과를 가져다주기 때문이다.

수 있다는 연구 보고도 있다. 우리가 하루에 섭취하는 카페인의 약 60~70%
는 커피를 통해서다. 카페인은 신체 에너지 소비량을 약 10% 끌어올려 에너
지 소비를 늘려준다. 다이어트에 도움이 된다는 얘기다.

문제는 양이다. 카페인을 지나치게 많이 섭취하면 잠을 설치고 가슴이 두
근거리며 위장장애가 생긴다. 신경이 예민해져 불안하며 속이 메스껍기도
하다. 위산 분비를 촉진시켜 위염·위궤양·역류성식도염을 일으킨다. 체내
에서 철분과 칼슘의 흡수를 방해해 골다공증을 유발할 수도 있다. 임산부가
카페인을 하루 300㎎ 이상 섭취하면 자궁으로 가는 혈류량이 줄어 저체중
아를 낳을 확률이 높아지고 유산의 위험성이 커진다.

또 성장호르몬의 분비를 줄여 성장기 어린이에게는 치명적이다. 더 심각
한 것은 혈액 속 칼륨의 수치를 떨어뜨려 저칼륨혈증을 유발할 수 있다는
것. 저칼륨혈증은 심장혈관이나 신경계, 근육 등에 영향을 줘 근육마비를 일
으킨다. 심장은 카페인에 민감하게 반응하기 때문에 심각할 경우 부정맥이
나 심장마비를 일으킬 수도 있다.

이처럼 카페인은 두 얼굴을 가지고 있다. 우리가 즐겨 먹는 커피와 차는
물론, 과자·콜라·초콜릿 등에도 카페인이 광범위하게 함유된 만큼 아이뿐
아니라 어른들도 지나치게 섭취하지 않도록 주의를 기울여야 한다.

지방계의 문제아 **트랜스지방**

"엄마, 이건 트랜스지방이 'O' 이에요. 몸에 나쁘지 않으니까 이걸로 할게요."

과자를 사달라고 조르는 아이들을 데리고 슈퍼마켓에 갔다. 어디서 들었는지, 두 녀석이 과자봉지를 이리저리 살펴보더니 트랜스지방이 없다며 뭐 대단한 것을 고른 양 의기양양했다. 아마 텔레비전에서 트랜스지방이 몸에 나쁘다고 한 것을 보고는 자기들 딴에는 신중한 선택을 한 것이다. 매체의 힘이 얼마나 대단한지 새삼 느꼈다.

초등학교 아이들 입에서도 오르내리며 경계 대상이 된 트랜스지방. 선진국에서는 이미 오래전부터 유해성 논란을 빚었고, 심혈관 질환 요인으로 규제 대상이 됐다. 도대체 트랜스지방의 정체는 뭘까.

트랜스지방에 대해 알려면 우선 지방부터 얘기해야 한다. 지방은 크게 동물성과 식물성으로 나뉜다. 동물성 기름은 포화지방으로 건강에 해롭고, 식물성 기름은 불포화지방으로 건강에 이롭다고 알려져 있다. 쇠고기·돼지고기 등에는 포화지방이 많고, 콩·옥수수 등에는 불포화지방이 많다. 포화지방은 혈관을 좁게 만드는 나쁜 콜레스테롤 수치를 높이는 반면 불포화지방은 혈관을 깨끗이 청소해주는 좋은 콜레스테롤 수치를 높인다. 그래서 동물성 기름보다 식물성 기름을 많이 먹으라고 하는 것이다.

포화지방에 이어 또 다른 문제아로 찍힌 지방이 트랜스지방이다. 트랜스지방은 식물성 기름을 고체로 만들 때 기름이 산패되는 것을 막기 위해 수소를 섞는데, 이 과정(부분경화)에서 생기는 해로운 물질이다. 트랜스지방은 식물성 지방이나 동물성 지방 어디에도 속하지 않는 인위적인 지방인 셈이다. 액체 상태인 식물성 기름은 상하기 쉽고, 운반이나 저장이 어려워 사용하기에 불편하다는 단점이 있다. 그래서 액체 상태인 식물성 기름을 쇼트닝이나 마가린 등 반고체 상태로 만들어 사용하게 된 것이다.

사실 트랜스지방은 불포화지방에서 나온 것이다. 그렇다고 하면 '몸에 좋은 것이 아닌가' 하는 의문을 제기할 수도 있다. 하지만 트랜스지방을 많이 섭취하면 혈관이 좁아져 심근경색·협심증 등의 심혈관계 질환과 뇌졸중의 발생 위험이 높아진다. 또 신진대사를 떨어뜨리고 노화를 촉진시킨다. 여기에다 비만은 물론 당뇨병·대장암·유방암 등에도 영향을 미치는 것으로 알려져 있다. 이 같은 위험성 때문에 세계보건기구(WHO)는 트랜스지방을 하루 총 열량의 1% 이내로 섭취할 것을 권고하고 있다. 하루에 2,000$kcal$의 열량을 섭취한다고 하면 트랜스지방은 2.2g 이하여야 한다는 얘기다.

트랜스지방이 들어간 음식은 고소한 맛과 바삭바삭한 질감이 난다. 한마디로 혀를 즐겁게 해준다. 마가린이나 쇼트닝 등으로 만든 과자·빵·케이크·전자레인지용 팝콘·감자튀김 등에는 트랜스지방이 많이 함유돼 있다.

요즘 식품 업체들은 '트랜스지방 제로' '트렌스지방 0g'을 광고에 자주 사용한다. 하지만 '제로'나 '0g'이라고 해서 트랜스지방이 전혀 없다고 단정 지을 수는 없다. 현행 식품표기법상 식품 100g당 트랜스지방이 0.2g 미만이면 '0g'으로 표시할 수 있기 때문이다.

트랜스지방 섭취 줄이려면

- 생선·고기·감자 등은 되도록 기름에 튀기기보다 찌거나 구워 먹는다.
- 튀김을 할 때는 포도씨유 등 식물성 기름을 사용하고, 기름은 두 번 이상 사용하지 않는다. 기름을 여러 번 사용하면 트랜스지방이 늘어나기 때문이다.
- 빵류는 고소하며 촉촉한 것보다 다소 거칠고 퍽퍽한 것을 고른다. 부드럽고 촉촉한 빵에는 마가린이 상대적으로 많이 들어 있다.
- 식품표시 원재료 명에 '부분경화유'를 사용한 식품은 가급적 선택을 피한다.

무가당 · 무설탕에 숨은 함정

  '무가당과 무설탕'. 당뇨를 앓고 있거나 다이어트에 무지 관심이 많은 사람들의 눈에 쏙 들어오는 단어다. 당과 설탕이 들어 있지 않아 당이 오르거나 살찔 걱정 없이 마음 놓고 먹어도 될 것 같은 생각에서다. 또한 아이들 충치 걱정 때문에 무가당 제품만 고집하는 주부들도 있다. 그렇다면 식품 포장에 적혀 있는 대로 무가당 주스, 무설탕 음료는 당이 들어 있지 않아 안심하고 먹어도 되는 걸까. 정답은 "아니올시다."

  흔히 무가당 주스나 무설탕 음료 하면 당이 전혀 들어 있지 않은 것으로 생각하기 쉽다. 하지만 '무가당'은 제조 과정 중에 당 성분을 별도로 넣지 않았다는 뜻이다. 과즙 음료의 경우 과일 자체에 천연 당이 있어 단맛이 있다. 때문에 무가당 제품이라고 해서 당이 없는 것은 아니다.

  '무설탕' 제품 역시 설탕을 넣지 않는 대신에 단맛을 내는 과당·포도당·올리고당 등을 넣어 단맛을 낸다. 단지 설탕을 넣지 않았을 뿐 열량은 비슷하다. 무설탕 아이스크림이나 껌의 경우 설탕보다 열량은 낮으면서 단맛은 훨씬 강한 인공감미료를 사용해 맛을 낸다. 설탕은 넣지 않지만 식품 속에 당분은 분명히 들어 있는 것이다.

  칼로리가 낮은 '라이트' '제로' 음료는 단맛을 내기 위해 설탕 대신 인공감미료인 아스파탐을 넣는다. 아스파탐의 열량은 1g당 4kcal로 설탕과 같다. 다만 설탕의 200분의 1만 넣어도 단맛을 낼 수 있기 때문에 열량이 줄어드는 것이다.

  '무가당·무설탕=저열량 또는 다이어트 식품'으로 오해해서는 안 된다. 이런 음료들은 추가적으로 설탕이나 당분을 첨가하지 않았다는 것일 뿐 당분이 전혀 없다는 것이 아니라는 것을

'식물성' 표기, 놓치지 말자

패스트푸드와 가공식품에 사용하는 쇼트닝,
마가린 같은 경화유는 문제가 있는 기름이다.
질이 나쁜 트랜스지방이 많이 들어 있기 때문
이다. 건강에 좋지 않은 경화유의 약점을 가리
려고 '식물성 마가린' '식물성 쇼트닝'이라
고 하는데, 식물성이라고 해서 반드시 안심하
고 먹을 수는 없다. 식물성이라도 꼭 확인하고
선택하자.

잘 알아야 한다. 현행 식품 등의 표시기준에 따르면 식품 100g당 당이 0.5g
미만일때 '무당'으로 표시할 수 있도록 허용돼 있다. 무당 역시 당이 0%라고
할 수 없다.

'칼로리 제로(zero)' '칼로리 0' 음료도 칼로리가 전혀 없는 것처럼 보이지
만 실제는 그렇지 않다. 왜냐하면 음료 100㎖당 열량이 4kcal 미만이면 '제로
칼로리' '칼로리 제로'라고 표기할 수 있기 때문이다. 많은 제로 칼로리 제품
은 0kcal가 아닌 1~3kcal 정도의 열량을 갖고 있다고 보면 된다.

예를 들어 '코카콜라 제로'는 기존 콜라에서 액상 과당을 빼는 대신에 인
공감미료인 아스파탐을 넣은 것이다. 코카콜라에 '코카콜라 라이트'라는 제
품이 있었는데 '맛이 없다'는 등의 신통치 않은 소비자 반응 때문에 맛은 그
대로 가져가면서 열량을 낮춘 '코카콜라 제로'가 나온 것이다.

무지방 식품도 지방이 전혀 없는 게 아니다. 식품 등의 표시기준에 식품
100g당 지방이 0.5g 미만일 때 '0', 즉 '무지방'이라고 쓸 수 있다. 따라서 일
반적으로 적은 양의 지방이 들어 있다고 볼 수 있다. 물론 지방이 아예 없는
제품도 있겠지만 지방을 빼면 맛이 없어지기 때문에 이를 대신하는 첨가물
을 넣게 된다. 따라서 식품을 구매할 때에는 포장지에 적혀 있는 식품 성분
표기를 꼼꼼히 살펴봐야 한다.

8

먹는 즐거움이
꽃 피는 밥상

● ● ●
빗방울이 창가를
두드리는 날엔
기름에 부친
따끈따끈한 부침개가
생각난다.
빗소리와 부침개 부치는
소리에 뭔가 비밀이….

비가 오면 **부침개**가 왜 당길까

먹구름이 잔뜩 끼고 빗방울이 창가를 두드리는 날엔 기름에 금방 부쳐낸 따끈한 부침개가 절로 생각난다. 동그랗게 부쳐낸 부침개를 어머니가 손으로 찢어 호호 불어 입에 넣어주던 어린 시절의 추억도 잊을 수가 없다. 특히 아랫목에 배를 깔고 엎드려 부침개를 먹으며 만화책을 보던 시절이 떠올라 부침개 생각이 더 간절한지도 모르겠다. 왜 비가 오면 유독 부침개가 먹고 싶은 걸까.

여기에는 여러 가지 설이 있다. 하지만 그중에서 '소리' 때문이라는 설이 가장 일반적이다. 달아오른 프라이팬에 기름을 두르고 부침개 반죽을 넣었을 때 치이익~ 하며 기름 튀는 소리와 빗방울이 바닥이나 유리창에 들이치는 소리가 비슷하기 때문이라는 것이다. 시골집 툇마루에 앉아 처마 밑으로 떨어지는 빗소리를 들으면서 부침개를 먹던 추억을 가진 사람들에겐 꽤 설득력이 있는 설명이다.

실제로 부침개 부치는 소리와 빗소리를 비교 분석한 사례가 있다. 놀랍게도 실험 결과는 두 소리의 진폭이나 주파수가 거의 비슷하다는 것.

배명진 숭실대 정보통신전자공학부 교수(소리공학연구소)는 "달아오른 프라이팬에 부침개 반죽을 넣었을 때 치이익~ 하며 나는 소리는 비바람 소리와 비슷했고, 부침개가 익으면서 나는 기름 튀는 소리는 처마 끝에서 떨어지는 빗소리와 흡사했다"며 "빗소리를 들으면 무의식중에 부침개 부치는 소리가 연상돼 먹고 싶은 생각이 드는 것"이라고 설명했다.

비 오는 날은 저기압으로 냄새가 위로 올라가지 못하고 낮게 깔려 퍼지기 마련인데, 이 때문에 부침개 부칠 때 고소한 기름 냄새가 퍼져 입맛을 자극해서 라는 설도 있다.

의학적인 해석도 있다. 비가 오면 저기압으로 인해 짜증이 나고 혈당이 떨어지는데, 이때 혈당을 올려주는 밀가루 음식을 찾게 된다는 것. 이에 적합

부침개 맛있게 만드는 법

- 얼음물로 반죽하라 : 부침개가 바삭거리고 쫀득거린다.
- 밀가루·부침가루·쌀가루를 1:1:1의 비율로 하라 : 부침가루와 쌀가루를 섞으면 밀가루 냄새가 나지 않고 맛도 더 좋다.
- 채소의 물기를 빼라 : 채소에 물기가 많으면 반죽이 묽어지기 때문에 물기를 충분히 빼줘야 처음이나 나중에 부친 것이나 맛이 똑같다.
- 기름의 양은 부침개 속 재료에 따라 달리하라 : 채소전·김치전은 기름을 적게, 고기전은 기름을 넉넉히 두르는 것이 좋다.

한 음식이 밀가루를 주재료로 한 부침개인 것이다. 밀가루와 같은 탄수화물 (전분)이 우리 몸속에서 당으로 바뀌고, 이 당이 긴장과 스트레스를 풀어주는 데 도움을 준다는 것이다.

비가 오면 기온이 떨어져 몸이 오싹해지는데, 이런 때 열량이 높고 따뜻한 음식을 찾게 된다는 과학적인 분석도 뒤따른다.

이와 함께 풍습기원설도 있다. 전통적인 농경사회에서는 비가 오면 일을 못하고 종일 집에 있게 되는데, 이때 해 먹던 음식이 부침개라는 것이다.

우리 선조들이 비 오는 날 이처럼 의학적이고 과학적인 점을 고려해 부침개를 부쳐 먹었는지는 잘 모르겠다. 어쨌든 비 올 때 마음 맞는 사람들과 어울려 파전을 안주 삼아 막걸리잔을 부딪혀보는 건 어떨까. 아마 우울한 기분이 사라지고 축 처졌던 어깨가 서서히 올라가는 기운을 느낄 테니 말이다.

라면이 국민 간식 되기까지

늦은 밤 출출할 때면 생각나는 음식이 있다. 몰래 먹으려다 냄새에 덜미가 잡혀 식구들에게 한 젓가락씩 뺏기고 나면 결국 국물에 밥을 말아야 한다. 50년 가까이 국민의 야식이자 간식 자리를 지키고 있는 라면 얘기다.

2010년 국내에서 소비한 라면의 개수는 34억 개다. 국민 한 사람이 1년 동안 68개를, 그러니까 일주일에 1개 이상 먹은 셈이다. 국내에 시판되는 라면의 종류는 200여 종에 달하고, 시장 규모는 1조9,000억 원에 이른다. 세계 라면협회에 따르면 2010년 세계 라면 소비량은 954억 개. 중국과 홍콩에서 절반 가까운 423억 개가 소비됐고, 나머지는 인도네시아·베트남·미국·일본·한국 등에서 팔렸다.

한 시장조사 전문기업이 한국·중국·대만 3개국의 라면 소비를 분석한 결과 한국은 라면을 '밥과 상관없이 먹는 기호 식품', 중국은 '밥이 없을 때 먹는 대체 식품'으로 인식했다. 라면은 원래 중국이 종주국이지만 일본을 거쳐 인스턴트식품으로 태어났다. 우리가 먹는 인스턴트 라면의 최초 발명자는 일본 닛신식품의 안도 모모후쿠 회장이다. 그는 1958년 '치킨라면'을 개발했다. 1971년에는 뜨거운 물만 부으면 되는 컵라면을 개발, 식품업계에 돌풍을 일으켰다.

국내 라면의 원조는 1963년 9월 15일에 선보인 '삼양라면'이다. 주황색 포장지에 담긴 중량 100g의 라면은 그 당시 10원이었다. 처음 라면이 나왔을 때 소비자의 반응은 썰렁했다. 인스턴트식품에 익숙지 않아 라면을 식품으로 인정하지 않았던 것이다. 그 시절 쌀 부족으로 정부는 혼·분식 장려 정책을 폈고, 라면 홍보를 위해 전국에서 무료 시식회를 연 덕분에 밥 대용식으로 자리 잡아갔다.

라면 면발이 꼬불꼬불한 데는 이유가 있다. 작은 봉지 안에 많은 양의 면

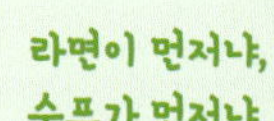

라면이 먼저냐, 수프가 먼저냐

불지 않은 라면을 좋아하면 수프를 먼저 넣고, 반대로 약간 불어서 말랑한 라면을 좋아하면 면을 먼저 넣으면 된다. 일반적으로 물에 다른 물질이 녹아 있으면 끓는점이 높아진다. 각종 첨가물이 들어간 수프를 먼저 넣으면 끓는점이 상승해 물의 온도가 높아진다. 이때 면을 넣으면 빠른 시간 안에 익힐 수 있다.

발을 담기 위해서는 곡선으로 담는 게 효율적이다. 보통 라면 1개의 면발을 쭉 펴면 길이가 평균 50m다. 라면 한 봉지의 면발은 75~80가닥, 한 가닥의 길이는 약 65㎝이다. 또 다른 이유는 꼬불꼬불한 라면의 틈 사이로 물이 들어가 면발을 고루 익게 하고 조리 시간도 줄일 수 있기 때문이다. 이외에 유통 과정에서 부서지는 것도 막을 수 있다.

라면이 노란색을 띠는 것은 밀가루의 플라보노이드 색소와 영양 강화를 위해 넣는 비타민B2 때문이다. 밀가루에는 플라보노이드 색소가 있는데 이 색소는 염기성이 되면 노란색로 변하는 성질이 있다. 라면을 만들 때 소금기가 있는 염기성의 물을 넣는데, 밀가루를 반죽할 때 소금기 물의 염기성 칼륨이 플라보노이드 색소와 반응해 노란색을 띠는 것이다. 또 영양 강화제로 넣는 비타민B2에는 노란색을 띠는 리보플라빈이라는 성분이 들어 있기도 하다.

컵라면이 끓지 않는 물에서도 잘 익는 것은 감자 전분 덕분이다. 컵라면은 밀가루보다 빨리 익는 성분을 가진 감자 전분의 비율이 높다. 감자 전분은 봉지라면에도 섞여 있는데 이는 면발을 쫄깃하게 만든다.

2000년 일본의 한 설문조사에서 '20세기 일본의 발명품 중 가장 빛나는 발명품'으로 뽑힌 라면은 우주 식품으로까지 진화했다.

우유의 **살균**과 영양

달걀과 함께 대표적인 완전식품으로 꼽히는 우유. 우유에는 단백질·지방·칼슘·비타민 등 무려 114가지 영양소가 들어 있다. 특히 우리 몸에 필요한 5대 영양소가 균형 있게 포함돼 있어 '완전식품'으로 불린다. 하지만 엄밀히 말해서 '완전한' 식품은 없다. 단백질 조성 균형이 좋은 우유에는 상대적으로 철분과 비타민B1·C·D 등이 부족하다.

우유가 언제부터 인간과 가까워졌는지 정확하게 알 수 없지만 지금으로부터 수천 년 전으로 추정된다. 성경에서 유대인들은 그들의 이상향을 '젖과 꿀이 흐르는 땅'이라 표현했다. 우유를 인간 생존에 꼭 필요한 중요 식품으로 여겼다는 것이다. 영국의 수상이었던 윈스턴 처칠은 "장래를 위한 가장 훌륭한 투자는 어린이에게 우유를 먹이는 것"이라고 했다. 이는 나라의 미래인 어린이들을 건강하게 키우는 것이 중요하다는 것과 함께 우유의 우수성을 대변해주는 사례라고 볼 수 있다.

그런데 요즘 시중에 판매되는 우유를 살펴보면 저온 살균, 고온 살균, 멸균 등 제품마다 살균 방식이 다르게 표기돼 있다. 도대체 차이가 뭘까.

젖소에서 짠 원액 그대로의 우유에는 균이 들어 있다. 이를 없애 소비자에게 안전한 식품을 제공하기 위해 살균처리한다. 우유 살균법 가운데 '저온 살균'은 63~65℃에서 30분간 가열하고, '고온 살균'은 72~75℃에서 15~20초간 가열하는 방식이다. 또 '초고온 순간살균'은 125~138℃에서 2~4초간 살균한 후 급속 냉각시키고, '초고온 순간멸균'은 135℃ 이상에서 가열·처리해 미생물의 포자까지도 죽이는 방식이다. 국내 시판 우유의 대부분은 초고온 순간살균법을 이용한다. 멸균우유의 경우는 135~150℃에서 3~5초간 가열하는 초고온 순간멸균법을 사용한다.

저온 살균법을 이용한 우유는 최소한의 공정을 거치므로 모든 미생물을 다 죽이지 않고 단백질의 변성이 적다. 초고온 순간살균한 우유는 가열에 의

해 단백질이 변성되지만 병원성 미생물을 죽이고 유해 효소의 활성을 막는
다. 살균 조건에 따라 우유 맛에 약간의 차이가 있을 수 있으나 영양 면에서
는 큰 차이가 없다.

강신호 서울우유 중앙연구소 박사는 "우유 단백질의 변성은 입체 구조만
바뀌는 것일 뿐 영양가에는 변화가 없다"면서 "오히려 열처리에 의한 변성
으로 단백질 구조가 느슨해져 소화성이 높아진다"고 말했다. 또 대부분의 비
타민 손실차도 10% 내외"라며 "결코 저온 살균이 초고온 살균보다 영양소
와 위생 면에서 유리하지는 않다"고 덧붙였다.

멸균우유 역시 일반 우유와 영양가 차이는 없다. 멸균우유는 말 그대로 우
유 속에 들어 있는 모든 미생물을 살균했기 때문에 제품이 상할 염려가 적
다. 포장도 종이용기에 알루미늄박을 부착해 공기와 빛을 차단하고, 용기를
충전할 때 깨끗한 공기를 넣어 무균 상태로 만들기 때문에 유통기한이 길다.

속 쓰릴 때 우유 마시면 좋다?

흔히 속이 쓰릴 때 위를 보호하기 위해 우유를 마시
는데 이는 잘못된 습관이다. 우유는 위산을 중화시
키는 음식으로 알려져 있지만, 사실은 우유 속 단백
질인 카제인을 소화시키기 위해 위산이 더 많이 분
비될 뿐 아니라 우유의 대표 영양소인 칼슘도 위산
분비를 촉진시키기 때문에 속이 쓰릴 때 우유를 마
시면 불에 기름을 붓는 것과 같다. 속이 쓰릴 때마
다 우유를 마시면 소화성 궤양이 생길 수 있다.

냉면 먹을 때 고민하는 세 가지

살얼음이 동동 뜬 육수 속에 담긴 면발을 보면 없던 식욕이 살아난다. 면발 위 빨간 양념이 살짝 얹어진 사이를 젓가락으로 살살 비벼 면발을 당기면 옆에서 침 넘어가는 소리가 '꼴깍'. 여름철 입맛을 잃었을 때 시원하고 새콤한 맛을 내는 냉면은 그야말로 별미다. 냉면 국수는 주로 메밀로 만든다. 육수는 기름기를 걷어낸 고기 삶은 물과 동치미 국물을 섞어 만든다. 메밀 면 위에는 수육, 삶은 달걀, 얇게 썬 무김치, 배 등을 얹는다.

여름철 별미의 절대 강자인 냉면을 먹을 때면 늘 세 가지 고민에 빠진다. 우선 면을 가위로 자를 것이냐, 말 것이냐. 음식 전문가들은 가능하면 면을 자르지 말고 그냥 먹으라고 한다. 면에 가위를 대는 순간 면발이 특성을 잃으면서 맛이 훨씬 떨어지기 때문이다. 메밀을 원료로 한 평양냉면은 면발이 부드럽고 굵어 잘 끊어진다. 가위로 자르지 않고 이로 끊으면 메밀의 구수한 향을 즐길 수 있다. 고구마와 감자 전분으로 만든 함흥냉면은 면발이 질기고 가늘어 끊기가 쉽지 않다. 하지만 미식가들은 몇 가닥만 집어 면발이 다 빨려 들어가도록 먹어야 고유의 제맛을 느낄 수 있다고 한다.

그 다음은 겨자와 식초를 넣을 것이냐, 말 것이냐. 겨자는 성질이 따뜻해 찬 음식인 냉면으로 소화기에 탈이 나는 것을 막아주고 몸을 보호해준다. 식초에는 유기산이 많이 들어 있어 피로 해소를 돕고 소화흡수된 영양분을 에너지로 바꾸는 역할을 한다. 또 살균력도 있어 대장균 증식을 억제해준다. 여름에는 날씨 때문에 대장균으로 인한 식중독 위험이 높아진다. 냉면 사리를 삶은 물이나 육수에 대장균 등이 있으면 식중독을 일으키게 되는데 식초가 식중독균의 증식을 줄여준다. 이렇게 냉면에 넣는 겨자와 식초는 맛·영양·위생 등을 챙겨주는 만큼 넣어 먹는 게 좋다.

마지막으로 달걀을 먼저 먹을 것이냐, 나중에 먹을 것이냐. 노란색의 달

**평양냉면 &
함흥냉면**

평양냉면은 물냉면으로, 함흥냉면은 비빔냉면으로 아는데 평양냉면과 함흥냉면의 차이는 면의 주원료다. 평양냉면은 메밀에 녹말을 섞어 면을 만들고, 함흥냉면은 고구마·감자 녹말로 만든다. 평양냉면은 면발이 부드럽고 쫄깃하다. 함흥냉면은 가늘고 질기며 오돌오돌하게 씹히는 맛이 매력이다.

갈노른자는 시각적으로 입맛을 돋워주고, 차고 거친 메밀이 위벽을 편치 않게 할 수 있으므로 달걀을 먼저 먹어야 한다는 얘기가 있다. 반대로 차고 매운 음식을 먹은 뒤 속을 달래고 매운맛을 가라앉히려면 달걀을 나중에 먹는 게 좋다고도 한다. 이 두 가지 얘기에 대해 음식 전문가들은 별다른 근거는 없다고 한다. 다만 냉면 한 그릇으로 부족하기 쉬운 단백질 공급을 위해 달걀과 고기를 고명으로 얹어 먹은 것은 선조의 지혜임이 틀림없다.

냉면은 원래 북한에서는 겨울에 먹는 음식이었다. 조선 시대 학자 홍석모가 쓴 세시풍속서 〈동국세시기〉에는 '냉면은 11월 동짓날에 먹는 음식'이라고 나와 있다. 평안도 등 이북지방에서 겨울철 메밀국수를 삶아서 돼지고기나 꿩고기(또는 둘을 함께)를 푹 고아낸 후 살얼음 낀 동치미 국물과 섞은 육수에 말아 먹던 음식인 것이다. 한국전쟁 이후 남쪽으로 내려온 피난민들이 고구마 수확기에 맞춰 냉면을 만들어 먹으면서 냉면을 즐기는 시기가 변하는 단초가 됐다고 한다.

겨울철 별미 과메기

찬바람이 불기 시작하면 생각나는 음식들이 있다. 굴·매생이국·군고구마·과메기. 이 중에서도 차디찬 바닷바람과 햇살의 세례가 만들어낸 과메기는 고소함과 쫀득한 맛이 어우러져 겨울철 별미로 꼽힌다. 과메기는 갓 잡은 꽁치를 냉동고에 넣었다가 12월에 내장 등을 빼고 덕장에 걸어 말린 음식이다. 원래 과메기는 청어로 만들었다. 그래서 이름도 청어의 눈을 지푸라기 같은 것으로 꿰어 매달아 말렸다는 뜻의 '관목청어(貫目靑魚)'에서 나왔다. 관목의 '목'을 포항 구룡포 방언으로 '메기'라고 발음해 '관메기'로 부르다가 시간이 흘러 '과메기'가 되었다고 한다. 1960년대 이후 청어가 거의 잡히지 않게 되면서 꽁치가 청어를 대신하고 있다.

과메기는 꽁치의 배를 갈라 내장과 뼈, 머리를 제거하고 민물과 바닷물로 씻은 후 걸대에 걸쳐 밖에서 바닷바람과 햇볕에 말린다. 과메기는 뼈·내장·머리를 없애고 말린 '배지기'와 배를 가르지 않고 통째로 말린 '통과메기'로 나뉜다. 배지기는 칼로 베어냈다고 해서 이름 붙은 것으로, 시중에 유통되는 과메기의 대부분을 차지한다. 배지기는 꽁치 꼬리 부분이 떼어지지 않게 갈라 덕장 대나무에 걸쳐 말리고, 통과메기는 비닐 끈으로 등허리를 묶어 매단다. 보통 배지기는 3~5일, 통과메기는 15일 정도면 발효·숙성된다. 밤에는 얼고 낮에는 녹는 과정이 되풀이되면서 수분이 35~40%쯤 되게 말리면 육질이 쫄깃쫄깃해진다.

생선이 발효·숙성되면 맛과 영양 성분이 변한다. 과메기도 발효·숙성 과정을 거치면서 꽁치보다 영양 성분이 풍부해지고 단맛도 늘어난다. 과메기의 단백질은 100g에 29.6g, 꽁치는 20.2g이다. 칼슘도 과메기가 58.4mg, 꽁치는 49.1mg으로 과메기가 더 많다. 철분 역시 과메기가 2.24mg으로 꽁치(1.53mg)보다 높다. 특히 불포화지방산의 일종인 오메가3지방산(EPA·DHA

꽁치는 서리가 내려야 제맛 난다

이 속담은 꽁치가 가장 맛있는 때가 서리가 내리는 10~11월임을 말한다. 꽁치는 계절에 따라 지방 함량이 다르다. 여름엔 100g당 10g 정도인 데 반해 10~11월엔 20g으로 높아졌다가 12월 이후엔 다시 줄어든다. 꽁치는 아가미 근처에 침을 놓은 듯한 구멍이 있어 빌 공(空)자에 물고기를 뜻하는 치를 붙여 '공치'가 원래 이름인데 이것이 된소리로 발음돼 '꽁치'가 됐다는 설이 있다.

등)은 과메기가 7.9g으로 꽁치(5.8g)보다 36%나 많다. 불포화지방산은 혈중 콜레스테롤을 떨어뜨려 동맥경화·심근경색 등의 성인병을 예방하고 두뇌 발달을 도와주는 역할을 한다. 또한 과메기로 만들어지는 과정에서 핵산이 늘어나는데, 핵산은 피부 노화와 체력 저하, 뇌의 쇠퇴 등을 방지하는 효과도 있다. 과메기에는 쌀 등 곡류를 많이 먹는 우리나라 사람들에게 부족하기 쉬운 라이신·메티오닌과 같은 필수아미노산이 많이 들어 있다. 또 숙취 해소에 도움을 주는 아스파라긴산도 상당량 포함돼 있다.

과메기를 맛있게 먹으려면 배추에 김과 미역을 얹고, 초장을 듬뿍 찍은 과메기 한 점에 마늘종이나 마늘을 곁들이면 특유의 쫄깃하면서도 고소한 맛이 입에 착착 달라붙는다. 과메기는 지방 함량이 높기 때문에 위장이 튼튼하지 않은 사람은 너무 많이 먹지 않는 것이 좋다.

맛과 영양의 조화 비빔밥

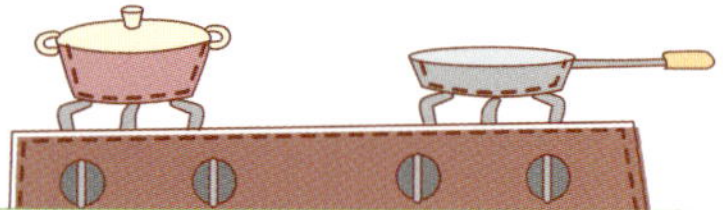

'가장 한국적인 것이 가장 세계적'이라는 말이 있다. 이 말에 어울리는 음식은 김치, 불고기 그리고 비빔밥이다. 이 중 비빔밥은 한식 세계화를 위한 국가 대표 메뉴로 선정됐다. 그릇 하나에 다양한 재료를 넣어 섞어 먹는 비빔밥은 다른 나라에선 찾아보기 힘든 음식이며, 균형 잡힌 영양 성분을 골고루 섭취할 수 있다. 이처럼 우리의 전통 음식인 비빔밥이 그 우수성이 알려지면서 웰빙 음식으로 세계인들의 사랑을 한 몸에 받고 있다. 또 국내 항공사뿐 아니라 외국 항공사에서도 비빔밥을 기내식으로 제공한다. 여러 재료가 한데 어우러져 맛을 더 좋게 하고 시각과 미각 등 오감을 즐길 수 있는 것이 비빔밥의 힘이다.

비빔밥의 유래에는 몇 가지 설이 있다. 제사 음식을 그릇에 고루 담아 먹는 풍습에서 시작됐다는 '음복설', 동학혁명군이 큰 그릇에 비벼 같이 나눠 먹었다는 '동학혁명설', 바쁜 영농철에 구색 갖춘 상을 차리기가 어려워 그릇 하나에 음식을 모두 섞어 먹었다는 '농번기 음식설'이 있다. 또 섣달 그믐날 설 음식 장만을 위해 남은 음식을 한꺼번에 넣고 비벼 먹었다는 '묵은 음식 처리설'과 고려 시대에 임금이 피난 갔을 때 밥에 몇 가지 나물을 비벼 올렸다는 '임금 몽진 음식설' 등도 있다.

비빔밥을 맛있게 먹으려면 우선 밥을 고슬고슬하게 지어야 한다. 고사리·도라지·오이 등 삼색나물, 청포묵과 지단을 썬 것, 채썰어 볶은 쇠고기와 표고를 고명으로 얹는다. 여기에 참기름과 고추장을 적당히 넣은 후 밥알이 으깨지지 않도록 젓가락으로 살살 비빈다. 생채소비빔밥의 경우엔 숟가락으로 비벼야 채소의 숨이 죽으면서 잘 비벼진다.

비빔밥의 가장 큰 장점은 한 그릇에 모든 영양소가 들어 있고 따로 반찬을 먹지 않아도 된다는 것. 비빔밥 한 그릇에는 탄수화물·단백질·지방·비타민 등 우리에게 필요한 영양소가 들어 있어 한꺼번에 다 먹을 수 있다.

비빔밥의 열량

1인분(500g)의 열량은 707㎉이다. 식품의약품안전청이 국내 외식 음식 1인분의 열량을 조사한 결과 비빔밥이 짬뽕(1,000g·688㎉), 오징어덮밥(500g·680㎉)보다 높았고 짜장면(650g·797㎉), 잡채밥(650g·885㎉), 삼계탕(1,000g·918㎉)보다는 낮았다.

비빔밥에 들어가는 재료의 궁합을 맞추면 영양은 두 배가 된다. 쌀밥으로 비빔밥을 만들 때는 쑥을 넣으면 좋다. 쌀밥에 부족한 식이섬유·칼슘·철분·비타민 등을 쑥이 보충해주기 때문이다. 새우와 표고버섯도 찰떡궁합이다. 표고버섯은 새우의 칼슘 흡수를 도와주고 콜레스테롤 수치는 낮춰주는 역할을 한다. 쇠고기는 단백질이 풍부하나 비타민이 적어 비타민C가 많은 깻잎과 함께 먹으면 좋다. 부추비빔밥에는 강된장이, 산채비빔밥에는 고추장이 어울린다. 부추는 비타민A·C가 풍부해 된장에 부족한 영양분을 채워준다.

반면 문어나 오징어는 고사리와 함께 먹으면 좋지 않다. 문어가 소화에 부담이 되는 식품인 데다 고사리 역시 섬유질이 많아 위가 약한 사람은 소화불량으로 고생하기 쉽다. 시금치와 근대는 둘 다 수산 함량이 높아 같이 먹으면 결석의 원인이 될 수도 있다. 오이와 무 역시 오이의 효소가 무의 비타민C를 파괴하기 때문에 같이 넣어 먹지 않는 게 좋다.

비빔밥은 열량이 높은 편이다. 체중 조절에 신경 쓴다면 밥의 양을 줄이고, 달걀프라이 등을 생략하는 게 좋다. 기름에 볶은 나물보다는 생채소를 넣는 것도 방법이다. 일반 비빔밥보다 기름을 더 두르는 돌솥비빔밥이 칼로리가 더 높다는 것도 기억하자.

안동의 특산물이 간고등어라

"한밤중에 목이 말라 냉장고를 열어보니~ 한 귀퉁이에 고등어가 소금에 절여져 있네~ 내일 아침이면 고등어구이를 먹을 수 있네~." 고등어 하면 산울림의 '어머니와 고등어'라는 노래와 함께 안동 간고등어가 떠오른다. 고등어는 그야말로 국민 생선이다. 요즘은 사정이 좀 다르지만 예전에는 가격이 그렇게 비싸지 않아 밥상에 자주 올렸던 음식이다. 그런데 바다도 아닌 내륙 지방 경북 안동의 특산물로 간고등어가 유명하다니 좀 의아하다. 그 탄생 배경이 흥미롭다.

바다와 멀리 떨어져 있는 안동에서 생선은 귀한 먹거리였다. 싱싱한 해산물을 구경하기 힘든 까닭에 간고등어는 고급 반찬이었다. 혼례·상례·제례·생일·회갑 등 중요한 날에는 빠지지 않았다. 안동에서 고등어 맛을 보려면 가장 가까운 영덕이나 포항 등에서 사 와야했다. 문제는 운송이었다. 영덕에서 안동까지는 80km(200리). 지금은 자동차로 1시간이면 갈 수 있는 거리지만 과거엔 걸어서 꼬박 이틀이 걸렸다.

영덕에서 고등어를 사다가 우마차를 이용해 이른 새벽 출발하면 해질녘 청송군 진보면 신촌마을에 도착했다. 여기서 하루를 묵고 다음 날 다시 출발하면 곧 안동에서 반나절 거리인 임동면 챗거리장터에 이르게 된다. 챗거리장터에 도착할 때쯤이면 고등어 내장이 상하기 시작한다. 여기서 고등어의 배를 갈라 내장을 빼고 소금을 뿌려 상하는 것을 막았다. 말 그대로 염장을 지르는 것이다.

궁여지책으로 썩는 것을 막기 위해 소

금을 뿌린 고등어는 날것과는 다른 맛이 있었다. 영덕에서 챗거리장터까지 오는 동안 고등어가 먹기 딱 좋은 상태로 변하고 상하기 직전에 소금을 뿌린 뒤 안동까지 가다 보면 간이 배어 가장 맛있는 간고등어가 됐다는 것.

짭조름한 안동 간고등어는 이렇게 탄생했다. 교통 여건이 좋지 않았던 안동의 지리적 조건이 가져다준 선물인지도 모른다. 아는 사람만 먹었던 지역 음식 간고등어가 상품으로 나오면서 알려진 것은 1999년. 등푸른 생선이 몸에 좋다는 건강 바람과 함께 진공 포장법의 개발로 홈쇼핑에서 불티나게 판매되면서 유명해졌다.

보통 고등어 두 마리를 묶은 것을 '한 손'이라 한다. 한 손은 그야말로 한 손에 잡을 수 있을 만큼의 분량을 말한다. 간고등어 한 손은 겉손과 속손으로 구분하는데, 속손이 겉손보다 약간 작다. 겉손의 아가미에 속손이 쏙 들어가게 하기 위해서다. 유교적 전통이 강한 안동에서는 더 굵은 겉손은 어른이, 속손은 아랫사람이 먹었다고 한다.

대표적인 등푸른 생선인 고등어는 심장 건강에 유익하다. 이는 오메가3지방산 덕분이다. 고등어는 1년 내내 먹을 수 있지만 특히 가을에 지방이 많아 감칠맛이 좋다. 지방은 고등어 배 부분에 몰려 있는데, 불포화지방산의 일종인 오메가3지방산(DHA·EPA 등)이 많이 함유돼 있다.

또 불포화지방산은 혈중 콜레스테롤 수치를 낮추고 혈액순환을 도와 동맥경화·뇌졸중·고혈압 등을 예방해준다. 두뇌 발달과 활동을 촉진하는 DHA가 들어 있기 때문에 기억력과 학습 능력을 높여주고 치매 예방에도 효과적이다.

고등어 비린내 없애기

조리하기 전에 우유에 담그거나 레몬즙을 뿌리면 비린내가 제거된다. 레몬즙이 없으면 후춧가루나 청주, 생강즙을 뿌리면 된다. 요리할 때 양파나 파·고추·마늘과 같이 향이 강한 채소나 양념을 넣으면 맛이 산뜻해진다. 튀김옷을 만들 때 밀가루에 카레가루를 약간 섞거나 생선 위에 카레가루를 살살 뿌려 구우면 카레의 독특한 향이 어우러져 비린내가 나지 않는다.

삼겹살과 오겹살 차이가 뭐지

한국인의 삼겹살 사랑은 유난하다. 2009년 국민 1인당 육류 소비량은 43.28kg. 이 중 쇠고기는 9.3kg, 닭고기는 7.52kg인 데 반해 돼지고기는 18.22kg으로 가장 많이 먹었다. 돼지고기 부위 중에서도 삼겹살의 인기가 최고다. 서민의 주머니 사정을 너무도 잘 아는 저렴한 가격 때문에 소비량 1위를 차지할 수 있었다.

삼겹살은 등심·안심·뒷다리살에 비해 지방 함량이 높아 구울 때 고소한 냄새와 씹으면서 느끼는 부드러운 촉감에 빠져들게 한다. 외국에서는 저지방 부위인 등심이나 안심 등을 선호한다. 고지방 부위인 삼겹살은 인기가 없다. 삼겹살의 맛은 손바닥 위에 상추를 올려놓고 고기 한 점에 고추·마늘·쌈장을 얹어 싸 먹는 맛이다. 요즘엔 삼겹살 외에 오겹살을 찾는 사람들도 많다. 삼겹살과 오겹살은 어떤 차이가 있는 걸까.

결론부터 말하면 돼지의 껍질을 벗겨내면 삼겹살, 벗겨내지 않으면 오겹살이다. 원래 삼겹살은 돼지고기의 특정 부위를 가리키는 것으로, 돼지의 갈비뼈에서 뒷다리까지의 복부 근육을 말한다.

삼겹살의 구조는 지방–살코기–지방–살코기 순으로 돼 있다. 오겹살은 껍질–지방–살코기–지방–살코기 순으로 배열돼 있다. 삼겹살과 오겹살의 차이는 고기에 껍질이 붙어 있느냐 없느냐에 있는 것이고, 부위는 같다. 오겹살은 껍질을 벗기지 않은 삼겹살로 보면 된다.

돼지를 도축해 털을 뽑은 후 남는 가죽이 껍질이다. 서울·경기 지역 등에서는 대부분 돼지의 껍질을 벗겨 유통하는 반면에 경남·전남·제주 지역 등에서는 껍질을 벗기지 않고 유통한다. 껍질을 벗기는 것을 박피, 벗기지 않은 것을 탕박이라고 한다.

신승구 축산물등급판정소 사업개발팀장은 "오겹살은 삼겹살처럼 특정 부위를 지칭하는 것이 아니라 껍질을 벗기지 않은 탕박 삼겹살을 말한다"며

삼겹살 적정 섭취량

삼겹살은 동물성 단백질과 지방을 많이 섭취할 수 있는 식품이다. 삼겹살의 지방 함량은 100g당 28.4g으로 등심 19.9g, 안심 13.2g보다 높다. 이 때문에 비만을 유발하는 고지방 식품으로 찍힌 것이다. 따라서 삼겹살구이는 1인분인 200g을 넘지 않도록 하고, 일주일에 1~2회 이하로 섭취를 제한하는 것이 좋다.

"오겹살은 껍질이 붙어 있어 삼겹살보다 더 고소하고 쫄깃쫄깃하다"고 설명했다. 오겹살이라는 말은 상인들이 붙인 이름으로 일반인이 식당에서 쉽게 접하면서 이제는 익숙한 용어가 됐다. 보통 돼지 한 마리를 도체할 경우 평균 중량은 78~86kg, 이 가운데 삼겹살은 10~11kg 정도 나온다.

삼겹살을 맛있게 먹는 데는 원칙이 있다. 구울 때 자주 뒤집지 말아야 하는 것. '고기는 두 명 이상 구워서는 안 된다'는 속설이 있다. 여럿이서 자주 뒤집으면 육즙이 빠져나가 고기의 맛이 떨어지기 때문이다. 처음 불판이 달아오르면 고기를 올리고 육즙이 배어나올 때까지 그대로 뒀다가 한 번만 뒤집어 익혀야 제맛이 난다.

고기는 숯불에 구워야 제맛이라며 석쇠나 구멍 뚫린 망을 선호하는 이들이 있다. 고기를 석쇠에 구우면 맛이 좋은 건 사실이지만 고기에 불꽃이 직접 닿으면 발암물질인 벤조피렌 등이 많이 생긴다. 벤조피렌은 식품을 고온으로 조리하는 과정에서 탄수화물·단백질·지방 등이 불완전 연소할 때 생기는 유해 물질이다. 안심하고 건강하게 먹으려면 석쇠보다는 코팅된 프라이팬을 이용하는 게 좋다. 가능하면 고기는 태우지 말고, 탄 부분은 떼어내고 먹는 것이 좋다. 좀 더 나은 방법으로는 돼지고기를 푹 삶아 기름을 빼고 김치와 곁들여 보쌈으로 먹는 것을 추천한다.

폭탄주 마시면 왜 빨리 취할까

"적당한 비율로 섞어 먹으면 그냥 먹는 것보다 더 맛있다." "소주처럼 독하지 않고, 맥주처럼 밋밋하지 않아 좋다." "목 넘김이 부드럽다." "돌아가면서 똑같이 마시니까 공평하고, 빨리 취해 경제적이다."

폭탄주를 마시는 이유다. 우리의 술 문화 중 빼놓을 수 없는 폭탄주. 직장 회식이나 단체 모임에 늘 등장하는 폭탄주를 직장에서 처음 접했다. 모 선배가 폭탄주 잔 위에 냅킨을 덮고 잔을 휙 돌리더니 술에 젖은 냅킨을 천장에 착 붙이며 '회오리주'를 건넸을 때, 감탄사가 절로 나왔다. 모두를 맛이 끝내준다고 하기에 정말 맛있는 줄 알았다.

폭탄주란 서로 다른 술끼리 섞어 마시는 것을 이른다. 원래는 맥주를 담은 잔 속에 양주잔을 떨어뜨려 마시는 것을 폭탄주라 불렀다. 맥주를 부은 잔에 양주잔을 떨어뜨리면 맥주 거품이 탁 튀어 오르는데, 그 모습이 마치 폭탄이 터질 때와 비슷하다고 해서 지어졌다. 태권도주·중성자주·타이타닉주·충성주·골프주·드라큘라주 등 종류도 헤아릴 수 없이 많다.

폭탄주의 유래는 명확하지 않다. 20세기 초 미국의 부두 노동자들이 빨리 취하기 위해 값싼 위스키와 맥주를 섞어 마신 게 시초라는 주장이 있는가 하면, 러시아 벌목공들이 시베리아의 추위를 이기려고 보드카와 맥주를 섞어 먹은 데서 비롯됐다는 설도 있다. 어느나라에서 유래했든 폭탄주를 마시는 이유는 부드럽게 넘어가고 빨리 취하기 때문이다.

이런 폭탄주가 한국 사회에 상륙한 것은 1980년대이고, 1990년대에는 주머니 사정상 양폭(양주+맥주) 대신 소폭(소주+맥주)을 즐겨 마시기 시작했다. 폭탄주의 도수는 혼합하는 비율에 따라 다르지만 보통 10% 내외다. 가령 맥주잔(230㎖)에 양주 한 잔(35㎖, 도수 43%)을 넣은 후 맥주(도수 4.5%)를 채워 만든 폭탄주 한 잔의 알코올 도수는 10.4%다. 맥주잔에 55㎖의 소주(도수 20%)를 넣은 '소맥'의 알코올 도수는 8.2%다. 그러니 폭탄주 한 잔

폭탄주 도수 계산법

알코올의 양은 '술의 양×농도' 다. 일반적으로 맥주는 잔의 용량이 230㏄, 알코올 도수는 4~5%. 양주는 잔이 35㏄에 알코올 도수는 40~43%다. 따라서 35㏄양주잔에 양주를 채운 뒤 230㏄ 맥주잔에 넣으면 양주를 제외한 맥주의 용량은 195㏄가 된다. 맥주는 195㏄ × 4.5%=8.8g의 알코올이 들어 있고, 양주는 35㏄×43%= 15.1g이다. 결국 '양주 폭탄주' 의 도수는 10.4 도가 된다. 같은 방법으로 계산하면 소주 폭탄주는 8.2도 정도된다.

은 10도 내외의 순한 술이 되는 것이 사실이다.

하지만 술맛이 순해 술술 넘어가다 보니 본래 주량을 초과해 먹을 확률이 높다. 술을 마시면 알코올의 20%는 위에서, 나머지 80%는 소장에서 흡수된다. 그런데 맥주에 들어 있는 탄산가스가 소장을 지나면서 장세포를 자극해 알코올이 쉽게 흡수되게 도와준다. 알코올이 빨리 흡수되다 보니 소주만 마실 때보다 폭탄주를 마실 때 혈중 알코올 농도가 높아진다. 그래서 폭탄주를 마시면 빨리 취하는 것이다. 결국 원인은 맥주의 탄산가스에 있다.

또 폭탄주는 한 모금씩 마시는 것이 아니라 한번에 털어넣는 경우가 많다. 이 때문에 주량보다 더 많은 술을 마실 수 있다. 같은 양의 술을 먹더라도 단숨에 마시게 되면 천천히 먹을 때보다 더 쉽게 취한다. 만약 두 종류 이상의 술을 마시게 되면 약한 것부터 마시기 시작해 점차 독한 술로 옮겨가는 것이 좋다.

9

밥상 위에
올라온 과학

윤기가 자르르 흐르는
갓 지어낸 밥을 보면
입맛이 확 살아난다.
별다른 반찬이 없어도
한 그릇은 금방 뚝딱이다.

기다림의 미학 **숙성**

갓 수확해 싱싱한 것을 먹어야 제맛이 나는 식품이 있는가 하면 숙성시켜야 맛이 더 좋아지는 식품이 있다. 숙성(熟成)이란 국어사전에 '효소나 미생물의 작용에 의해 발효된 것이 잘 익음'이라고 나와 있다. 김치나 고기, 포도주 등과 같은 식품은 일정 시간이 지나면 맛과 향이 훨씬 좋아진다. 이들 식품의 참맛을 즐기려면 시간과 인내가 필요하다.

숙성하면 단연 빼놓을 수 없는 것이 김치다. 김치는 5℃에서 2~3주간 숙성시킨 것이 감칠맛과 함께 아삭아삭하게 씹히는 식감이 제일 좋다. 김치를 맛있게 먹으려면 0~5℃에서 보관하는 것이 좋다. 영양 면에서도 이때가 최고다. 갓 담근 김치보다는 숙성된 김치가 노화와 암을 억제하는 효과가 크다. 신맛이 날 정도로 익은 것보다는 적당히 익은 김치(5℃에서 2~3주 숙성)의 효과가 더 크다는 논문도 발표됐다.

고기도 숙성 과정을 거치면 맛이 더 좋아진다. 소·돼지·닭 등을 도축하면 근육이 수축돼 딱딱해진다. 이 상태에서는 고기가 질기고 풍미도 좋지 않다. 하지만 시간이 지나면서 경직됐던 근육이 풀리고 연해진다. 고기 근육을 형성하고 있던 단백질이 군데군데 끊어지고 단백질이 분해되면서 이노신산·아미노산 등이 생겨 맛이 더 고소해진다. 고기를 숙성하면 확실히 연해지지만, 반대로 숙성 기간이 필요 이상 길어지면 미생물의 번식과 지방의 산패로 오히려 육질이 나빠질 수 있다.

지방이 적당히 들어간 1등급 쇠고기는 숙성하지 않아도 구웠을 때 씹히는 맛이 연하다. 반면 지방이 적은 3등급은 숙성하지 않으면 질기다. 그렇다고 값비싼 1등급 고기를 자주 사먹을 수도 없는 일. 숙성만 잘하면 3등급 고기를 1등급 고기처럼 즐길 수 있다. 쇠고기는 보통 0~4℃에서 도축 후 7~21일 정도 지나 먹으면 맛이 좋다고 한다. 등급이 낮은 쇠고기를 덩어리 상태로 진공 포장하거나 랩으로 밀봉한다. 그런 다음 김치냉장고나 자주 여닫지

발효와 부패의 차이

미생물이 자신이 가지고 있는 효소를 이용해 유기물을 분해하는 과정을 발효라고 한다. 부패도 비슷한 과정으로 진행된다. 하지만 결과는 하늘과 땅 차이. 특정한 환경에서 유익세균이 활발히 작용해 아미노산 등 몸에 이로운 물질을 만들면 '발효', 유해세균이 작용해 황화수소나 아민 등 유해한 물질을 만들면 '부패'라고 한다.

않는 냉장고 야채칸(0~4℃)에 보관했다 먹으면 1등급 쇠고기를 구워 먹었을 때의 부드러운 식감을 느낄 수 있다.

생선도 마찬가지다. 활어를 잡아서 바로 회를 떠서 먹으면 생선 본래의 맛을 제대로 느끼지 못한다. 생선회의 육질은 갓 잡았을 때보다 5~10시간 이후가 가장 단단하다. 따라서 쇠고기처럼 생선회도 숙성시켜야 맛이 훨씬 좋다. 육질은 4℃에서 6시간 정도 숙성시키면 가장 좋다.

'신의 물방울'이라 칭송받는 와인(포도주) 역시 숙성과 뗄 수 없는 관계다. 일반적으로 고급 와인은 1차 오크통 등에서 충분한 숙성 과정을 거친다. 이후 병에 담겨져 일정 시간이 지나면 훌륭한 맛이 탄생된다. 무조건 오래 둔다고 해서 다 좋은 것은 아니다. 와인의 숙성은 떫은맛을 내는 탄닌이 부드러워지는 과정이라고 할 수 있다. 고급 레드와인은 병 속에서 5~10년, 화이트와인은 3~5년 정도가 되었을 때 가장 맛있는 상태가 된다고 한다. 와인을 제대로 숙성시키려면 8℃를 유지해야 한다. 너무 높으면 포도주의 숙성이 빨라져 식초로 변할 수 있고, 너무 낮으면 향이 약해지기 때문이다.

거품은 무조건 빼라?

　　　　　'제품의 가격 거품을 확 뺐다' '치솟는 부동산값 거품일까 아닐까' '거품 낀 아파트 분양가' '예산 거품 빼기' 등등. 거품이라는 단어가 유행이다. 거품은 내용 없이 빈껍데기만 있는 일시적인 현상을 일컬을 때 쓴다. 뭔가 쓸데없이 부풀려져 있어 걷어버려야 할 것 같다. 분명 나쁜 거품은 빼는 게 마땅하다.

　음식점에서 찌개를 시키면 꼭 누군가 한 명은 보글보글 끓어오르는 찌개 위의 거품을 걷어내곤 한다. 그런데 찌개 거품에 대한 의견은 분분하다. "거품에 불순물이 있어 먹지 않는게 좋다"라고 하기도 하고 "그냥 양념일 뿐이라 괜찮다"고도 한다. 찌개나 국에 뜨는 거품은 제거하는 게 좋을까.

　찌개나 국에 생기는 거품은 음식 재료의 내용물이나 양념 등에서 나오는 단백질이나 녹말 성분이다. 찌개를 끓일 때는 물과 함께 재료를 넣게 되는데, 국물이 끓을 때 생기는 기포에 물에 녹지 않은 유기물질이 달라붙어 거품을 만들어내는 것이다. 밥을 지을 때 거품이 끓어오르는 것과 비슷한 원리다.

　고기를 넣은 찌개는 굳은 고기 핏물이나 고기 부스러기가 엉킨 부유물이 떠오른다. 생선찌개는 내장이나 껍질에 묻은 핏물이나 생선의 단백질 성분이 응고돼 뜨는 것이다. 된장찌개도 된장의 원료인 콩의 단백질이 거품으로 뜨거나 고춧가루 등의 양념이 위로 뜬다.

　결국 찌개의 거품은 재료나 양념의 단백질과 녹말 등 물에 녹지 않은 성분이 표면에 몰리면서 국물 위로 떠오르는 것이다. 인체에 해로운 물질이라고는 할 수 없다. 왜냐하면 거품의 성분도 찌개 내용물이기 때문이다. 걷어내지 않고 그냥 먹어도 아무런 문제가 없다는 얘기다. 다만 텁텁한 맛보다 담백한 맛을 원하거나 손님상에 내놓는 것이라 깔끔하게 보이려면 거품을 걷어내는 게 낫다.

커피 속 거품

카푸치노나 카페라테의 우유 거품은 우유를 스팀(뜨거운 증기)으로 순식간에 끓이면서 기포를 집어넣어 만든다. 증기로 우유를 데우면 단백질의 결합이 풀어지면서 기포에 막을 형성해 거품을 유지시켜준다. 이렇게 생긴 거품은 그냥 우유를 저을 때 생기는 거품보다 훨씬 안정적이다. 중요한 것은 우유가 신선해야 거품이 잘 생긴다는 것.

　그렇다면 맥주 위에 올라온 거품은 어떨까. 맥주의 거품은 맥주의 맛과 신선도를 유지해 주는 일등공신이다. 거품은 맥주의 탄산가스가 밖으로 새나가는 것을 막아준다. 공기와의 접촉을 차단해 산화하는 속도를 늦춰주는 마개와도 같은 역할을 한다.

　그런데 맥주의 거품이 살을 찌게 한다고 오해해 맥주를 마실 때 거품을 싹 걷어내는 사람들도 있다. 실제로 살찌는 원인은 맥주에 들어 있는 거품 때문이 아니라 마시는 맥주의 양에 있다. 일부에서는 맥주 거품의 기체가 장을 자극해 복부팽만감이나 설사 등을 유발한다고 생각한다. 대장이 예민한 사람에게는 그럴 수 있지만 그 외에는 크게 문제 되지 않는다.

　신선한 맥주에는 거품이 어느 정도 있고, 쉽사리 없어지지 않는다. 오히려 맥주에 거품이 없으면 김빠진 맥주로 통하고 맥주의 생명인 톡 쏘는 맛을 느낄 수 없다. 여름철에 마시는 맥주 거품은 부드러운 목 넘김과 시원한 청량감을 준다. 맥주의 맛을 최대한 끌어올리려면 맥주와 거품의 황금 비율을 지켜야 한다. 대략 8:2. 500cc 잔을 기준으로 2~3㎝ 정도의 거품이 생겼을 때 맥주 맛이 딱 좋다고 한다. 좋은 거품을 즐기려면 병째로 마시는 게 아니라 잔에 따라 마셔야 한다.

명품 **밥 짓기**에 숨은 **과학**

가끔 나 자신에게 묻는다. 밥을 먹기 위해 사니, 살기 위해 밥을 먹니? 나는 한 끼라도 굶으면 하늘이 두 쪽 나는 줄 알고 살아왔다. 지금껏 아침을 걸러본 적도 두 손가락으로 꼽을 정도다. 그만큼 밥을 무지무지 좋아한다. 아침밥을 먹어야 속이 든든하고 머리가 잘 돌아간다는 어릴 적 '밥상머리 교육'이 가져다 준 생활습관이다.

가끔 식당에 가면 돌솥에 밥을 금방 해서 가져오는 집이 있다. 윤기가 자르르 흐르는 밥을 보면 정말 입맛이 확 살아난다. 별 반찬 없어도 한 그릇은 금방 뚝딱이다. 집에서는 밥솥에 밥을 해놓고 먹다 보니 맛있는 밥을 즐길 확률이 낮아진다. 밥 짓기가 쉬운 듯 보이지만 나름의 기술이 필요하다.

밥을 맛있게 지으려면 누가 뭐라 해도 재료가 가장 중요하다. 좋은 쌀이 맛있는 밥의 50%를 좌우한다. 물의 양이 10~20%, 밥 짓는 연장인 솥이 10~20%, 나머지는 밥 짓는 요령에 있다고 할 수 있다.

좋은 쌀은 쌀알이 통통하고 고르며 윤기가 난다. 깨지거나 금이 간 게 적은 쌀, 즉 '완전미' 비율이 높은 것을 고른다. 완전미(head rice)란 완전한 형태를 갖춘 쌀로 깨지거나 금이 간 쌀, 낟알이 하얀 쌀 등을 제거한 쌀이다. 쌀이 부서지거나 금이 가면 밥을 지을 때 그 틈으로 전분이 빠져나와 맛이 떨어진다.

좋은 쌀을 골랐다면 쌀을 잘 씻어야 한다. 쌀은 3번 정도 씻는 게 적당하다. 첫물은 손으로 휘휘 저어 먼지나 쌀겨 등을 없애고 빨리 버린다. 이후 가볍게 2번 더 씻는다. 쌀을 씻은 다음에는 잘 불려야 하는데, 30분 정도가 적당하다. 이때 쌀의 수분 함량은 30%가 된다. 30분가량 불린 쌀로 밥을 하면 수분이 쌀 속으로 골고루 들어가 밥알의 상태와 씹히는 맛이 가장 우수하다는 게 농촌진흥청의 실험 결과다.

밥물은 쌀 양의 1.3~1.5배가 적당하다. 요즘은 대부분 전기압력밥솥을 사

가마솥 밥이 맛있는 이유

가마솥에서 지은 밥이 차지고 맛있는 것은 솥뚜껑 무게 및 솥바닥 두께와 관련돼 있다. 가마솥은 뚜껑이 무거워 수증기가 외부로 덜 빠져나간다. 내부 압력이 높고 온도가 일정하게 유지돼 밥이 골고루 잘 익는다. 또 밑바닥이 둥그렇기 때문에 열이 입체적으로 전달된다. 바닥의 두께가 부위별로 다른 것도 한몫한다. 불이 먼저 닿는 부분은 두껍고 가장자리는 얇게 만들어져 열을 고르게 전달해 밥이 맛있게 된다.

용하기 때문에 계량컵과 솥 내부에 눈금선이 있어 물 조절하기가 쉽다. 밥이 다 돼 보온으로 넘어가면 뜸이 충분히 들도록 몇 분 더 기다렸다 뚜껑을 열어야 한다.

쌀은 도정 후 소비까지의 기간이 짧을수록 맛이 좋다. 갓 도정한 쌀이 가장 맛있으므로 쌀을 살 때는 포장지에 적힌 도정 일자를 꼭 확인하고 가능한 한 도정 날짜로부터 15일 이내에 먹는 것이 좋다. 포장 용량도 5kg·10kg 단위로 선택해 자주 사 먹는 것이 맛있는 밥을 먹을 수 있는 방법이다. 대부분의 가정에서는 쌀을 사면 포장용기를 뜯은 채로 덜어 먹는 경우가 많다. 그렇게 되면 쌀이 햇빛에 노출되기 쉽고, 쌀알이 갈라져 밥맛이 나빠진다. 15℃ 이하에서 냉장 보관하는 게 가장 바람직하고, 냉장 보관이 어려우면 바람이 잘 통하는 어두운 곳에 두는 게 좋다.

끼니때마다 밥을 하는 것은 보통 번거로운 일이 아니다. 한 번에 많은 양을 해서 밥솥에 오래 놔두면 색이 노랗게 변하고 밥이 말라 맛도 떨어진다. 밥을 많이 했을 때는 한 김만 빼고 식기 전에 밀폐용기 등에 담아 냉동실에 보관했다 전자레인지 등에 데워 먹으면 금방 지은 밥처럼 즐길 수 있다.

생선회 밑에 **무채**를 까는 이유

횟집에 가면 접시에 무를 얇게 썰어 수북하게 깔거나 당면처럼 꼬불꼬불한 천사채 위에 생선회를 얹어 온다. 회가 비싸기 때문에 푸짐하고 양이 많아 보이게 하기 위한 위장술이 아닐까 생각하는 사람들이 많다. 하지만 회 밑에 무채나 천사채를 까는 진짜 이유는 따로 있다.

무채는 생선회의 습기를 적당하게 유지시키는 중요한 역할을 한다. 시간이 지나면 회가 마르고 맛이 떨어지는데 무채나 천사채의 수분이 회가 마르는 것을 막아 맛을 보존해주는것이다. 또 무채를 깔지 않고 생선회만 접시에 담아 내놓는 것보다 음식이 정갈하면서 풍성해 보이는 시각적 효과도 있다.

일부에서는 무채가 생선 지방의 산화를 방지한다고 하지만 이는 무채를 생선회와 같이 먹었을 경우에 해당하는 얘기다. '생선회 박사'로 불리는 부경대 조영제 교수는 "무채에 들어있는 비타민C(100g당 약 10㎎)는 항산화력이 있는 건 맞지만 단지 회 밑에 무채를 까는 것만으로 산화 방지 효과를 얻기란 힘들다"고 설명했다.

생선회와 무채를 같이 먹는 것도 문제는 있다. 횟집에서 무채를 한 번 사용하고 버리는것이 아니라 재활용하는 경우가 있기 때문에 안전하다고 볼 수 없다. 천사채는 다시마와 미역으로 만들어 알긴산이 풍부하다. 먹어도 무방하지만 여러 번 사용해도 모양과 색깔이 변하지 않는 장점 때문에 물에 담가뒀다 재사용하기도 하므로 역시 위생적이지 않다.

언젠가 텔레비전에서 횟집에서 무채와 천사채를 재사용하는 실태를 고발한 프로그램을 봤다. 재활용된 무채·천사채를 수거해 오염도를 검사한 결과 일반 세균과 대장균군 등의 각종 세균이 검출된 것을 보고 꽤 오랫동안 횟집에 발길을 끊은 적이 있다.

어떤 횟집은 무채·천사채 대신 조약돌을 사용하기도 한다. 조약돌의 경우 냉동실에 넣어두었다 사용해 생선회를 먹을 때 시원한 느낌을 주지만 온

비 오는 날엔 회 맛이 떨어진다?

양식업이 발달하기 전 자연산 회만 있던 시절엔 비 오는 날이면 고기잡이배가 바다에 나갈 수 없어 횟집에서 며칠 전에 잡은 생선을 손질해 내놓았다. 그 당시에는 비 오는 날에는 회가 맛없다는 말이 틀리지 않았다. 하지만 요즘 시중에 유통되는 활어의 95%는 양식산이다. 따라서 회의 맛과 강우 여부는 상관이 없다.

정도를 잡아준다”며 “구멍의 수에 따라 형태나 질감·식감 등이 조금씩 달라지기 때문에 최적의 조건을 찾아 제품에 적용한다”고 설명했다.

도넛이 고리 모양으로 가운데 구멍이 뚫려 있는 이유는 도넛 전체를 골고루 익히기 위해서다. 16세기경 네덜란드에서 태어난 도넛은 250년 이상 구멍이 없었다고 한다. 도넛에 구멍을 낸 주인공은 한슨 크로켓 그레고리라는 19세기 초 미국 소년이었다. 그는 어린 시절 어머니가 만들어주시는 프라이드 케이크를 좋아했는데, 늘 가운데 부분이 덜 익었다. 어떻게 하면 케이크를 다 익도록 할 수 있을까 고민하던 중, 케이크의 덜 익은 부분을 포크로 떼어냈다. 그러자 익지 않은 부분이 완전히 없어지는 것이었다. 이것이 구멍 뚫린 도넛의 탄생 배경이다.

도넛은 고온의 기름에서 튀겨내는 음식이다. 도넛을 튀기는 기름의 열전도율은 공기보다 6배 정도 높다고 한다. 그래서 음식을 기름에 튀길 때는 단시간에 튀겨내야 한다. 도넛의 주재료인 밀가루는 열전도가 어려운 물질이지만 구멍을 뚫으면 기름의 열을 받아들이는 부위가 넓어져 빨리 고루 익는다.

과자봉지 안이 은색인 이유

아이들이 좋아하는 새우깡·양파링·쌀과자·오감자 등의 과자봉지 안쪽을 잘 살펴보면 대부분 은색으로 처리돼 있다.

과자봉지 포장재는 겉으로 보기엔 얇은 비닐처럼 보이지만 실제는 3~4겹으로 돼 있다고 한다. 포장재는 투명한 비닐에 알루미늄층, 그 위에 다시 비닐이 코팅돼 있는 형태다. 보통 폴리프로필렌을 외부에, 폴리에틸렌을 내부에 쓰는데 유통기한에 문제가 있는 제품은 알루미늄박을 같이 쓰는 것이다.

알루미늄은 빛과 산소의 침입을 막아 제품의 신선도를 유지한다. 비닐에 있는 미세한 구멍보다 산소 분자가 더 작기 때문에 알루미늄으로 코팅이 돼 있지 않은 비닐로 포장하면 산소가 들어와 과자의 맛이 변하고 눅눅해진다. 또 알루미늄은 내열성·내구성 등이 강하기 때문에 높은 온도에서 가열하는 레토르트 제품(조리·가공한 식품을 오래 보관할 수 있도록 살균해 알루미늄봉지에 포장한 것)이나 빛·공기에 영향을 많이 받는 제품의 포장재에 이용된다. 하지만 비닐끼리는 잘 붙는 반면 알루미늄끼리는 잘 붙지 않아 알루미늄 위에 비닐을 코팅해 봉지 입구를 눌러 밀봉하는 것이다.

껌을 은박지로 싸는 것은 습기를 차단하고 껌의 향이 새나가는 것을 방지하기 위해서다. 껌의 주원료인 껌 베이스는 습기에 노출되거나 열을 받으면 물렁물렁해지는데, 은박지로 싸면 이를 막을 수 있다. 자일리톨 껌처럼 표면이 딱딱하게 코팅된 제품은 따로 은박 포장을 하지 않는다. 이는 표면의 코팅이 껌 베이스를 보호하고 있어서다. 초콜릿도 은박 포장지로 싸는데, 이 역시도 습기를 막기 위한 것이다.

요즘 과자를 사서 봉지를 뜯어보면 강한 배신감을 느낀다. 과자 내용물은 포장의 절반도 안 될 정도로 아주 조금 들어 있고, 포장만 지나치게 크기 때문이다. 과자봉지가 빵빵하게 부풀어 있는 것은 질소가 채워져 있어서다. 보통 제품 포장의 크기를 보고 상품의 양을 가늠하는데, 요즘 과자들은 말도

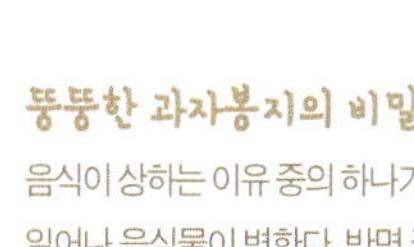

음식이 상하는 이유 중의 하나가 공기 중의 산소다. 산소가 음식물과 만나면 산화가 일어나 음식물이 변한다. 반면 질소는 무색·무취인 데다 기름에 튀긴 식품과 반응하지 않아 밀봉하면 상당 기간 처음의 맛을 유지할 수 있다. 이처럼 질소를 봉지 안에 가득 넣으면 산소가 봉지 안에 들어오기 어려워 과자와 접촉할 기회가 줄어든다. 질소는 또 공기에서 쉽게 얻을 수 있어 비용 부담이 적은 것도 장점이다.

안 되는 양이 들어 있어 과자를 산 건지, 질소를 산 건지 모르겠다. 제과업체들은 과자가 부서지거나 변하는 것을 막기 위해 질소를 넣는다고 하지만 업체의 상술에 속은 것 같은 기분이 든다.

한 텔레비전 프로그램에서 과자의 과대 포장을 고발하는 것을 본 적이 있다. 봉지에 질소를 많이 넣을수록 제품 보호 효과가 뛰어난지 알아보기 위해 현재 크기의 봉지와 그보다 작은 봉지에 제품을 각각 담고 질소를 넣은 뒤 일정한 충격을 가했다. 실험 결과 둘 다 파손율은 비슷했다. 질소를 많이 넣는다고 해서 제품 보호 효과가 뛰어난 것은 아니었다.

한국포장기술사회 관계자는 "내용물이 적은 상태에서 질소 충전을 해 포장지가 빵빵해지면 자체 포장재 내에서 내용물들이 유통 중에 서로 부딪히면서 가루가 날 확률이 높다"고 말했다. 또 과자 제품의 크기와 부피가 커지면 물류비·저장비·진열비 등이 늘어나고, 결국 가격 인상의 중요한 요인으로 작용하게 된다.

식품 **포장용기의 비밀**

음료·과자·생활용품 등 우리 주변에 있는 대부분의 상품들은 포장돼 유통된다. 제품을 포장하는 가장 큰 이유는 상품 보호다. 그 다음은 제품을 눈에 띄게 하면서 소비자의 편리성을 도모한다. 보통 음료수는 원기둥, 우유는 사각기둥 등 제품의 성질에 따라 포장재의 모양도 다르다. 우리가 당연하게 받아들이고 있는 제품의 포장용기에 과학이 숨어 있다는 사실, 한번 살펴볼까.

슈퍼마켓의 음료수 진열장을 유심히 보면 캔 음료의 대부분이 원기둥인 것을 알 수 있다. 삼각기둥·사각기둥 등 다양한 형태로 만들 수도 있을 법한데 하나같이 원기둥이다. 그 이유는 원기둥이 가장 경제적이고, 손으로 잡을 때 제일 편하기 때문이다. 제품을 운반·보관하기 편하고 진열할 때에도 쌓기가 좋아 공간의 활용도가 높다. 사각기둥의 경우엔 평면으로 펼치면 사각형이 6개가 나오기 때문에 공정상 6번의 절곡이 필요하다. 삼각기둥은 4번이 필요하다. 하지만 원기둥은 3번이면 공정이 끝나 훨씬 경제적이다. 여러 기둥 중에서 원기둥은 같은 양의 음료수를 담더라도 용기를 만드는 비용이 가장 적게 든다는 얘기다.

음료수 캔의 밑바닥을 보면 오목하게 들어가 있다. 이에 반해 참치 통조림의 경우는 밑바닥이 평평하다. 이는 기체가 들어있느냐에 따라 달라진다. 캔에 탄산음료를 넣으면 안에서 탄산 알갱이들이 서로 부딪히며 팽창하게 된다. 이때 캔이 압력을 견디지 못하면 불룩해지거나 터지게 된다. 그래서 캔 음료 바닥이 평평하지 않은 것이다. 밑면을 오목하게 만들어 주면 탄소 알갱이의 힘이 분산돼 밑면 전체에 압력이 고르게 퍼져 웬만한 압력에도 캔의 모양이 바뀌지 않는다.

소주병이 녹색인 이유

맥주와는 사연이 다르다. 1990년대 초까지 소주는 투명하거나 흐린 하늘색의 병을 사용했다. 녹색병이 처음 등장한 것은 1992년 경월(현롯데주류BG)에서 '그린'이라는 제품을 출시하면서다. 제조업체가 마케팅 전략으로 깨끗하고 순한 느낌의 이미지를 심어주기 위해 녹색병을 선보였다. 이후 소비자 반응이 좋아 지금은 녹색으로 거의 통일됐다.

페트병 역시 바닥이 평평하면 탄소 알갱이들의 압력이 아래로 집중되면서 페트병이 팽창하게 되며 결국 터진다. 페트병에 숨어 있는 또 하나의 과학은 병목에 있는 나선형 홈이다. 이것은 페트병 내부와 외부의 압력을 조절해 뚜껑을 열 때 탄산이 넘쳐 나오는 것을 막아주는 역할을 한다.

맥주나 소주 등 술도 종류에 따라 병 색깔이 다르다. 맥주병은 진한 갈색이고, 소주병은 녹색이다. 맥주병이 갈색인 것은 자외선을 차단해 맥주가 변질되는 것을 방지하기 위해서다. 맥주의 원료인 보리·홉 등은 햇빛에 취약하다. 그래서 맥주병이 투명하면 햇빛에 쉽게 노출돼 온도가 올라가면서 맥주 맛이 변하고 역한 냄새가 난다. 집에서 맥주를 햇빛이 드는 베란다에 놔두는 경우가 있는데, 이는 맥주맛을 떨어뜨릴 수 있기 때문에 피해야 한다. 박카스 등의 드링크류도 햇빛에 노출되면 일부 성분이 변질될 수 있어 빛이 통과하지 않는 갈색병에 담는다. 포도주병의 색이 짙은 것도 같은 이유다.

우유는 종이나 플라스틱 용기에 담지 캔에 담은 제품은 없다. 우유를 캔에 담으면 우유속의 미네랄이 캔의 금속 성분과 반응해 침전물이 생기게 된다. 그래서 캔을 우유의 포장용기로 사용하지 않는 것이다. 또 우유팩은 사각기둥 형태로 우유가 부패했을 때는 가스가 생겨 팩이 불룩하게 튀어나오는 것을 볼 수 있다.

10

이야기가 넘치는
유쾌한 밥상

막걸리라는 명칭은
'막 거른 술'이라는 의미다. 맑은술을
떠내지 않고 그대로 걸러 짠 술이다.
좋은 막걸리는 잔에 따랐을 때
사이다처럼 표면에 기포가 발생한다.

시금치가 **철분왕**이 된 사연

　　　　　먹으면 왠지 힘이 불끈 솟아날 것 같은 채소가 있다. 푸른잎 채소인 시금치가 그렇다. 어린 시절 텔레비전 만화영화에서 뽀빠이가 깡통에 든 시금치를 한입에 털어넣고 풍선처럼 굵은 알통을 뽐내며 위기에 처한 올리브를 구해주는 장면이 떠오르기 때문이다. 여자 친구를 괴롭히는 악당 브루터스를 혼내주고 나면 뽀빠이는 늘 이렇게 말했다. "시금치를 먹으면 힘이 세진다는 뽀빠이 아저씨의 말씀~."

　시금치에는 비타민과 무기질 등 인체의 생리 기능을 조절하는 영양소가 듬뿍 들어 있다. 100g당 비타민C는 60㎎, 칼슘은 40㎎, 칼륨은 507㎎이 들어 있다. 그중 비타민A(607RE)는 엽채류 중에서 가장 많다. 비타민A는 눈의 건강과 골격 성장 등에 도움을 줘 성장기 어린이들에게 권장된다.

　시금치는 다른 채소보다 철분이 월등히 많은 것으로 알려져 있다. 하지만 실제 시금치의 철분 함량은 2.6㎎으로 다른 채소와 비슷한 수준이다. 오히려 채소 중에서 비타민A가 가장 많아 '비타민A의 왕'이라고 부르는 게 더 어울린다.

　그렇다면 어쩌다가 시금치가 '철분왕'으로 등극한 걸까. 이는 1870년 E. 폰 울프라는 독일의 과학자가 시금치의 영양 성분에 대한 논문을 쓰다가 철분의 소수점을 한 자리 뒤로 찍는 실수를 저지르는 바람에 생겼다. 그래서 시금치의 철분 함량이 실제(2.6㎎)보다 10배나 많은 26㎎으로 부풀려져 알려진 것이다. 이 오류는 1937년 다른 과학자들에 의해 바로잡혔지만 처음의 잘못된 정보가 그대로 계속 인용되면서 일반 상식으로 굳어졌다. 사람들도 시금치를 먹으면 근육과 힘이 생기는 것으로 오해하게 된 것이다.

　1930년대 미국의 인기 만화영화 '뽀빠이'가 등장하면서 시금치가 전 세계 어린이들의 식생활에 커다란 영향을 끼쳤다. 일반적으로 아이들은 채소를 싫어하는데, 엄마들이 시금치를 먹으면 뽀빠이처럼 힘이 세진다고 아이들

시금치 고르는 법

잎이 너무 두꺼우면 섬유질이 질겨 맛이 없으므로 되도록 얇은 것을 고른다. 줄기는 짙은 녹색을 띠며 윤기 도는 것이 좋다. 또 뿌리가 선명한 분홍색을 띠는 것이 단맛이 난다. 나물로 무치려면 줄기가 짧고 통통한 것이, 국에 넣을 때는 줄기가 연하고 긴 것이 낫다. 시금치를 데칠 때는 끓는 물에 소금을 약간 넣고 뚜껑을 열어야 한다. 그래야 푸른색이 선명해진다.

을 꼬드겨 시금치를 먹였다. 아이들도 뽀빠이에게 힘을 주는 시금치를 열심히 먹었다. 덕분에 1930년대 미국의 시금치 소비는 예전보다 크게 늘었고, 도산 직전까지 갔던 시금치 업계도 다시 살아나는 계기가 됐다고 한다.

최근 시금치가 또 다른 이유로 각광받고 있다. 바로 시금치에 다량 들어 있는 엽산 때문이다. 엽산은 혈액에 들어 있는 '호모시스테인'이란 동맥경화를 일으키는 물질을 없애는 효과가 있다. 또한 엽산은 노인의 두뇌를 활성화시켜 치매를 예방하는 데 도움을 준다. 미국 식품의약국(FDA)에서는 지난 1998년부터 곡류와 시리얼에 엽산을 추가하도록 권유하고 있다.

일부 사람들은 시금치에 유기산인 수산 성분이 많다고 꺼린다. 수산이 칼슘과 결합하면 요로결석을 일으킬 확률이 높다는 이유 때문이다. 물론 틀린 말은 아니지만 시금치를 데치면 수산은 거의 물에 녹는다. 또 매일 500g 이상을 식사 때마다 먹을 경우에만 해당되는 얘기다. 우리가 시금치나물이나 국으로 한 번에 섭취하는 양은 50~100g 이내이기 때문에 크게 걱정할 필요는 없다.

짜장면 시키신 분~

입학식·졸업식·운동회·생일 등 아주 특별한 날이나 이사하는 날에는 짜장면을 먹었다. 달콤한 맛과 진한 냄새 때문에 매료돼 어렸을 때 가장 먹고 싶은 1순위 음식이었다. 어쩌다 가족이 외식하러 가는 날에는 무조건 중국집으로 향했다. 짜장면이 세상에서 가장 맛있는 음식이었고, 그날은 생애 가장 행복한 날이었다.

짜장면은 중국 북경과 산동 지역에서 삶은 면 위에 볶은 면장과 여러 가지 채소를 얹어 비벼 먹던 가정식 요리이다. 중국에서 왔지만 정작 우리가 먹는 것과 똑같은 짜장면은 중국에 없다. 짜장면 자체는 중국 음식이지만 이 땅에서 새롭게 태어나 100여 년 동안 우리 입맛으로 자리 잡은 한국 음식이라 할 수 있다. 짜장면은 1880년대 인천 개항과 함께 중국 산동 지역 노동자들이 한국에 건너와 야식으로 즐겨 먹던 음식을 화교들이 채소와 고기 등을 넣고 우리 입맛에 맞게 만든 데서 유래했다. 이 짜장면은 1905년 인천 차이나타운의 '공화춘'이라는 중국 음식점에서 처음 만들어 팔았다고 한다. 짜장면(炸醬麵)의 짜장은 '장을 볶는다'는 뜻으로, 짜장면은 장을 볶아서 얹어 먹는 국수다. 그렇다면 중국 짜장면과 한국 짜장면은 어떻게 다를까.

중국 짜장면은 삶아서 식힌 면 위에 볶은 춘장(밀가루와 콩을 넣고 발효시킨 중국 된장)을 얹고 숙주·오이·고추·파 등의 채소를 넣어 비벼 먹는 형태다. 주로 여름철에 시원한 비빔국수로 즐겨먹는다. 중국의 짜장면은 단맛이 없고 짠맛이 강해 장을 조금만 얹어야 한다. 반면 한국

국내 첫 짜장면박물관

국내 최초의 짜장면박물관이 2012년 상반기에 인천 차이나타운에 문을 연다. 짜장면박물관은 1905년 짜장면이 처음으로 조리돼 팔렸던 차이나타운 내 옛 공화춘 건물(중구 선린동)에 들어선다. 이 건물은 목(目)자 구조의 2층 벽돌 건물로 청나라 말기 건축물의 특성을 잘 나타내고 있어 2006년 근대문화재 246호로 지정되기도 했다.

의 짜장면은 갓 삶아낸 면에 김이 나는 걸쭉한 소스를 끼얹어 먹는 국수다. 춘장에 캐러멜을 섞어 단맛이 강하고 먹음직스럽게 윤기가 흐르는 검은색이다.

짜장면은 그 종류도 다양하다. 일반 짜장은 물이나 육수에 전분을 넣어 걸쭉하게 만들고 양파·감자 등을 큼직하게 썰어 넣는다. 간짜장은 물과 전분을 넣지 않고 채소에 춘장만을 넣어 볶은 것으로 약간 뻑뻑하다. 맛이 짤 수 있어 덜어서 비벼 먹도록 별도의 그릇에 담아 나온다. '삼선(三鮮)'은 세 가지 해물로, 새우·전복·해삼을 넣은 중국 요리 앞에 붙이는 말이다. 삼선짜장은 새우·오징어·고기 등의 재료가 들어가 일반 짜장보다 값이 비싸다. 쟁반짜장은 면과 소스를 함께 볶아 여러 사람이 먹을 수 있도록 쟁반에 담아낸다.

짜장면을 비빌 때 기호에 따라 고춧가루나 식초를 약간 넣어 먹는 것도 괜찮다. 고춧가루는 짜장면의 느끼한 맛을 잡아주고, 식초는 면발을 윤기 나게 하면서 부드럽게 비벼지도록 도와주기 때문이다.

2011년 8월 31일 반가운 소식을 들었다. 국립국어원이 '짜장면'을 표준어로 인정한 것이다. 1986년 '자장면'이 '짜장면' 대신 표준어로 사용된 지 25년 만이다. 그동안 '자장면'이 표준어이긴 했지만 음식점에서 주문을 할 때면 입에서 '짜장면'이 튀어나왔다. 자장면이라 부르면 도저히 짜장면의 맛이 나지 않기 때문이다. 이제 자장면을 '짜장면'이라 부를 수 있게 돼 좋다.

막걸리의 화려한 **부활**

전통주 막걸리의 열풍이 여전하다. 세계인을 매혹해 수출 효자품목이 됐는가 하면 20~30대 젊은이들의 입맛을 사로잡고 있다. 2011년 4월 한국식품연구원 하재호 박사팀은 막걸리에는 항암물질인 파네졸 성분(150~500ppb)이 맥주나 와인(15~20ppb · 1ppb는 10억분의 1)보다 최대 25배나 많다고 발표했다. 막걸리가 세계적인 술에 뒤지지 않으며 기능성이 우수하다는 것을 증명한 것이다. 2010년 막걸리 출고량은 41만㎘로 전년보다 58.1% 늘었다. 이 가운데 90%는 일본으로 수출됐다.

대학가에는 '막걸리 칵테일 주점'이 늘어섰다. 딸기 · 참다래 · 포도 · 콩 · 수삼 등을 섞어 만든 막걸리 칵테일은 독특한 맛과 색으로 젊은 층의 소비를 유도하고 있다. 특히 일본에서는 '부드럽고 도수가 낮은 웰빙술'이라는 입소문이 나면서 여성들 사이에서 인기가 높다.

막걸리라는 명칭은 '막 거른 술'이라는 의미다. 맑은술을 떠내지 않고 그대로 걸러 짠 술이다. 쌀을 발효시켜 만드는 막걸리는 단백질 함량이 1.6~1.9%로 청주(0.5%)나 맥주(0.4%)보다 높다. 우유의 단백질이 3%인 점을 감안하면 꽤 높은 편이다. 또 칼슘과 리보플라빈 · 나이아신 등의 비타민B군, 10가지 이상의 필수아미노산 등 영양 성분이 다양하다. 젖산 · 구연산 · 사과산 등의 유기산이 0.8% 함유돼 있어 체내의 피로물질을 없애주고 신진대사를 도와준다. 세계적인 장수촌의 공통점 역시 유기산이 많은 발효유를 즐겨 먹는 것이다.

또 막걸리가 성인병과 갱년기장애 해소에 효과가 있다는 연구 결과도 있다. 막걸리에 들어 있는 생효모와 영양 성분이 고혈압 · 심장병 등의 위험을 줄이고 암세포 성장을 억

막걸리, 쌀로만 빚나

막걸리는 쌀·밀·감자·옥수수 등 다양한 곡류로 빚을 수 있다. 시중에서 먹을 수 있는 막걸리의 58% 정도는 밀막걸리이고 나머지는 쌀막걸리다. 원래는 쌀막걸리가 대세였으나 1965년 식량 부족으로 쌀막걸리를 금지하면서 쌀 대신 밀가루로 빚은 밀막걸리를 만들었다. 1990년부터 쌀이 남으면서 쌀막걸리가 허용됐고, 최근에는 정부가 쌀 소비촉진을 위해 쌀막걸리를 장려하고 있다.

제한다는 것이다. 막걸리의 알코올 함량은 6~7% 정도다. 맥주(4.5%)보다는 높지만 포도주(12%)나 소주(20%)보다는 꽤 낮은 수준이다. 몸에 무리를 주지 않고 술이 약한 사람도 큰 부담 없이 마실 수 있다. 100g당 열량은 46kcal로 같은 양의 맥주보다는 1.2배 높지만 포도주의 62%, 소주의 32%에 불과하다.

과거 많은 사람들이 막걸리를 꺼렸다. 막걸리를 마시면 머리가 아프고 속이 안 좋은 등 다른 술에 비해 숙취가 심하다는 인식 때문이다. 예전에는 제조 설비가 열악해 품질 관리가 제대로 이뤄지지 않았기 때문에 그럴 수도 있었다. 하지만 요즘은 제조 공정과 품질 관리가 과학적으로 이뤄져 그렇지 않다고 한다.

좋은 막걸리는 잔에 따랐을 때 사이다처럼 표면에 기포가 발생한다. 효모가 살아 있는 생막걸리라면 효모가 숨을 쉬면서 탄산가스를 배출하고 있다는 증거다. 만약 기포가 생기지 않으면 살균처리돼 영양 성분이 없거나 제대로 발효되지 않은 것일 가능성이 크다.

막걸리를 마실 때에는 위아래로 잘 흔들어야 한다. 항암물질인 파네졸이 막걸리의 혼탁한 부분에 더 많이 들어 있기 때문이다. 막걸리를 가라앉혀 마실 경우엔 그 효과가 절반 이하로 줄어든다. 단, 마개를 먼저 따고 난 후 다시 닫고 흔들었다 열어야 막걸리가 넘치지 않는다. 막걸리도 술은 술이다. 전문가들은 하루 2잔 정도가 적당하다고 하니 적정량을 기분 좋게 마시자.

음식 이름에 얽힌 유래

우리가 즐겨 먹는 음식의 이름은 주재료에 따라 붙는 경우가 많다. 하지만 주재료와 별 상관없이 엉뚱한(?) 이름이 붙은 경우도 있다. 흔한 예로 총각김치·빈대떡·만두·곰탕 등을 들 수 있다. 총각김치는 총각이 담가서 붙여진 이름일까. 빈대떡의 빈대는 벌레를 말하는 것일까. 곰탕에는 정말 곰이 들어간 걸까.

총각김치의 '총각'은 한자로 '總角'이다. '총(總)'은 '모두'라는 뜻을 나타내지만 본래 '꿰매다' '상투 틀다'라는 뜻도 있다. '각(角)'은 '뿔'을 나타낸다. 총각은 결혼하기 전 남자들이 머리를 두 갈래로 나눠 양쪽에 뿔 모양으로 묶은 모양을 가리켰다. 이는 우리나라와 중국에서 장가가지 않아 상투를 틀지 못하는 남자들이 하던 풍습이었고, 이 모양에서 연유된 게 총각김치다.

총각김치는 손가락 굵기만 하거나 이보다 약간 큰 무를 무청째로 양념에 버무려 담근 김치를 말한다. 재료로 사용하는 무가 마치 총각의 머리 모양과 비슷하다고 해서 붙은 이름이다. 예전엔 알타리무라고도 불렀지만 지금은 총각무로 통일됐다.

빈대떡의 유래엔 여러 가지 설이 있다. "돈 없으면 집에 가서 빈대떡이나 부쳐 먹지~"라는 노랫말 때문인지 빈대떡은 왠지 가난한 사람들이 먹는 음식으로 연상된다. 원래 빈대떡은 제사상이나 교자상에 기름에 부친 고기를 올려놓을 때 받침용으로 쓴 음식인데, 이후 가난한 사람들이 먹는 떡이라는 뜻의 빈대떡이 되었다는 설이다.

조선 시대에 흉년이 들면 부잣집에선 빈대떡을 만들어 서울 남대문 밖에 모인 유랑민들에게 "누구누구 집의 적선이오" 하면서 나눠줬다고 한다. 또 빈대떡은 중국에 그 어원을 두고 있다는 설도 있다. 중국의 콩가루떡인 '알병'의 '알' 자가 빈대를 가리키는 '갈(蝎)' 자로 잘못 알려져 빈대떡이 됐다는 것이다. 다른 하나는, 옛날 서울 정동은 빈대가 많아 빈대골로 불렸는데 그

설렁탕과 곰탕의 차이

설렁탕과 곰탕은 비슷한 것 같지만 다르다. 설렁탕은 뼈를 많이 넣고 오랜 시간 끓여 골수가 녹아 국물이 뽀얗게 된다. 곰탕은 소꼬리와 양, 힘줄 등을 은근한 불에 오랫동안 고아 만든 진한 탕이다. 설렁탕과 곰탕의 가장 큰 차이는 설렁탕은 뼈를 넣고 끓이는 데 반해 곰탕은 뼈를 넣지 않는 점. 그래서 국물 맛도 다르다. 곰탕 국물은 진하고 무거운 반면 설렁탕 국물은 담백하고 가볍다.

곳에 '빈자떡' 장수가 많아서 빈대떡이 되었다는 설이다.

영양적인 면에서 보면 빈대떡은 나무랄 데가 없는 음식이다. 단백질이 풍부한 녹두를 주재료로 만들어 과거엔 고기를 자주 먹지 못하는 가난한 사람들에게 영양을 보충해주는 음식이었다. 요즘은 반대로 녹두가 비싸 손님이 왔을 때나 내놓는 귀한(?) 음식이 됐다.

만두의 유래도 재미있다. 만두는 중국에서 유래된 음식이다. 중국 삼국 시대 촉한의 제갈량이 남만(남쪽 오랑캐)을 정벌하러 갔을 때 노수라는 강을 건너야 하는데 풍랑으로 강을 건너지 못했다. 이에 신하들은 강물의 신이 노해서 풍랑이 심하니 49개의 사람 머리와 검은소, 흰 양을 제물로 바치고 제를 올리면 풍랑이 멎을 거라고 말했다. 제갈량은 무고한 사람들을 희생시킬 수 없어 꾀를 내 쇠고기와 양고기로 만두소를 만들고 이를 밀가루 반죽에 넣고 사람 머리 모양으로 빚어 제사를 지냈다고 한다. 그 덕분에 제갈량 일행은 강을 무사히 건넜다. 이때 빚은 사람 머리 모양의 반죽 뭉치가 만두(蠻頭), 직역하면 '만인(蠻人·오랑캐)의 머리'다. 하지만 나중에 만두(蠻頭)가 잔인하고 끔찍한 이름이라고 해서 만두(饅頭)로 고쳐 부르게 되었다.

제 **이름**을 똑바로 **불러**주세요

우리가 즐겨 먹는 음식 중에서 이름을 잘못 알고 사용하는 경우가 많다. 그렇다면 다음 음식 이름 중 올바른 표현은 어떤 것인지 한번 맞혀보자.

1. 닭과 감자를 잘라 매운 양념장에 버무려 끓여낸 닭고기 요리는?
①닭도리탕 ②닭볶음탕

2. 오이에 열십자로 칼집을 넣어 그 속에 갖은 양념을 채워 넣는 김치는?
①오이소배기 ②오이소박이

3. 무 등을 넓적하게 썰어 양념과 젓국에 버무려 담은 김치는?
①석박지 ②섞박지

위 세 문제의 정답은 모두 ②번이다.

식당 메뉴판에서 볼 수 있는 음식으로 닭과 감자를 빨갛게 양념해 끓여내는 것을 흔히 닭도리탕이라고 부른다. 닭도리탕의 '도리'는 일본어로 새·닭 등을 뜻한다. 결국 닭도리탕은 우리말 '닭'과 일본말 '닭(도리)' 그리고 '탕'이 합쳐진 것인데, 닭이 두 번이나 나와 어법상 맞지 않다. 이제부터 닭도리탕 대신에 우리말이면서 입맛을 돋우는 '닭볶음탕'이나 '닭감자찜' 정도로 불러주면 어떨까.

'오이소박이'는 '오이+소+박이'가 합쳐진 말로 오이에 소를 박았다는 뜻이다. '소'는 송편이나 만두 속에 넣는 여러 가지 재료를 말한다. 우리말에 '무엇이 박혀 있다'는 뜻의 접미사로 '-박이'가 있다. 쇠고기 부위 중 하얀 지방이 차돌처럼 박혀 있다고 해서 붙여진 게 '차돌박이'다. 따라서 오이소배기와 차돌배기는 '오이소박이'와 '차돌박이'의 잘못된 이름이다.

더운 여름날 시원한 국수 하면 '메밀국수'가 떠오른다. 메밀국수의 '메밀' 역시 모밀이라고 부르는 이들이 많다. 하지만 모밀은 메밀의 함경도 사투리다. 게다가 메밀의 일본어 표기가 '소바'인데 어떤 음식점에서는 메밀소바라

오뎅과 어묵

'어묵'을 오뎅이라 부르기도 하지만 사실은 잘못이다. 어묵은 생선살을 뼈째 으깨 반죽한 것을 튀기거나 익힌 음식이다. 오뎅은 어묵과 함께 곤약·무 따위를 꼬챙이에 꿰어 끓는 장국에 넣어 익힌 음식을 말한다. 어묵은 오뎅의 재료일 뿐이고, 오뎅은 우리말로 '어묵 꼬치'로 바꿔 부르면 적당하다.

고 잘못 쓰기도 한다. 이름이 헷갈릴 때는 이효석의 소설 〈메밀꽃 필 무렵〉을 떠올려보자. 원래 〈메밀꽃 필 무렵〉도 발표 당시의 원제목은 〈모밀꽃 필 무렵〉이었다. 하지만 맞춤법에 맞춰 〈메밀꽃 필 무렵〉으로 출판되고 있다.

오돌뼈는 소나 돼지의 여린 뼈를 가리키는 말로 씹어서 잘 부서지는 뼈를 맛있게 양념한 음식이다. 흔히 오돌뼈로 아는 이들이 많지만 실은 '오도독뼈'가 맞다. 오돌뼈라는 이름이 나쁘지는 않지만 오도독하고 씹을 때 경쾌한 소리가 나는 오도독뼈로 바르게 불러주자. 무를 넓적하게 썰어 양념과 젓국을 넣어 버무린 김치를 석박지라고 쓴다. 하지만 바른 표기는 '섞박지'다.

음식과 관련해 잘못 쓰는 이름이 또 하나 있다. 바로 육개장이다. '육개장'은 쇠고기(육)를 삶아 찢은 후 고사리·토란대 등을 넣고 얼큰하게 끓인 국을 말한다. 간혹 쇠고기 대신에 닭고기를 넣는다고 닭 계(鷄)자를 넣어 '육계장'으로 쓰는 경우가 있는데, 이는 잘못된 표기다. 쇠고기 대신에 닭고기를 넣어 끓일 경우에는 '닭개장'이라고 부르는 게 맞다.

젓갈 또한 친숙한 식품이지만 이름을 잘못 알고 있는 경우가 있다. 명태 알로 만든 것은 '명란젓', 명태 창자로 만든 것은 '창난젓'으로 써야 하는데 일부 식품 업체가 제품명을 잘못 표기해 혼란을 가져오고 있다. 창난은 알(卵)이 아니므로 창란으로 쓰는 것은 틀리다.

커피, 넌 어디서 왔니?

아침에 눈뜨면 한 잔, 출근 후 동료와 함께 한 잔, 회의 시간에 한 잔, 점심 먹은 후 입가심으로 한 잔, 나른한 오후 잠 깨려 한 잔, 저녁 회식 후 느끼한 속을 달래려 또 한 잔…. 술·담배와 함께 인간이 즐기는 3대 기호품인 커피. 하루를 커피로 시작해 커피로 마무리하는 일상 속에서 우리의 커피 소비량이 세계 11위라는 사실은 그리 놀라운 게 아니다.

전 세계 무역 거래량 1위는 석유다. 그 다음이 바로 커피다. 커피의 연간 거래량은 700만톤, 전 세계적으로 1년에 4,000억 잔을 마신다. 현재 커피 생산량 1위 국가는 브라질이다. 우리나라의 커피 시장 규모는 약 2조 원대다. 이 중 80% 이상이 인스턴트커피다. 1999년이후 원두커피 전문점이 크게 늘고 있지만 아직까지는 크림과 설탕이 들어간 달달한 봉지커피를 더 좋아한다. 우리 국민 한 사람이 1년에 마시는 커피는 350잔에 달한다. 하루에 1잔 정도 마신다고 보면 된다.

그렇다면 인류와 커피의 첫 인연은 언제, 어디서 시작됐을까. 6세기 무렵 아프리카 에티오피아로 거슬러 올라간다. 양을 돌보던 양치기 소년 칼디는 어느 날 양들이 흥분해서 날뛰는 것을 보고 원인을 찾던 중 양들이 빨간 열매를 먹는 것을 발견한다. 칼디는 호기심에 열매를 먹고 몸에 활력이 넘치는 것을 경험한다. 칼디는 그 열매를 가까운 수도원에 가져가 승려들과 함께 끓여 먹고, 밤에 장기간 기도를 해도 잠이 오지 않고 머리를 맑게 해주는 약으로 커피를 인식하기 시작했다. 그래서 '정신을 맑게 해주는 약'으로 점차 이슬람 사원으로 퍼지게 됐다.

한국에서의 커피 역사도 이미 100년을 훌쩍 넘었다. 한반도에서 제일 처음 커피를 맛본 사람은 고종 황제라고 한다. 을미사변(1895년) 당시 피신했던 러시아 공사관에서 고종은 처음 커피를 맛봤고 그 맛에 반했다. 커피가 본격적으로 보급된 것은 1945년 이후다. 한국전쟁을 계기로 인스턴트커피가 미군을 통해 알려졌다. 1960년대까지만 해도 커피는 손님에게 대접하는 귀한 음료였다. 1970년대 인스턴트커피가 생산되고 다방 커피 문화가 생겨나면서 비로소 보편적인 음료가 됐다. 1990년대 후반에 외국의 커피 전문점이 국내에 상륙하면서 원두커피 시장이 커지고 있다.

커피는 커피나무 열매 속의 씨앗이다. 이 씨앗을 볶은 것이 원두다. 원두의 품종은 크게 아라비카와 로부스타 등으로 구분된다. 아라비카가 향과 맛이 좋아 전 세계 생산량의 70%를 차지하고 있다.

우리가 마시는 커피 중 원두커피는 20% 정도에 불과하고 80%는 인스턴트커피다. 인스턴트커피 문화는 커피믹스에서 절정을 이루며 우리만의 독특한 형태다. 반면 미국이나 일본에서는 원두커피의 비율이 훨씬 높다.

그렇다면 하루에 몇 잔의 커피를 마시는 게 적당할까. 전문가들은 건강한 사람에게 하루 커피 3~4잔(카페인 기준 약 240~320㎎) 정도는 큰 문제를 일으키지 않는다고 한다. 식품의약품안전청은 카페인 1일 섭취량을 성인은 400㎎ 이하, 임산부는 300㎎ 이하, 어린이는 체중 1㎏당 2.5㎎ 이하로 제시하고 있다.

어린이가 커피 마시면 머리가 나빠진다?

흔히 커피가 아이들의 머리를 나빠지게 한다고 생각한다. 결론부터 말하면 커피가 직접적으로 아이들의 지능지수를 떨어뜨리는 것은 아니다. 다만 어린이들은 어른에 비해 카페인 대사 속도가 느리다. 커피를 마실 경우 카페인이 3~4일간 몸 안에 머무르게 돼 카페인의 부작용이 나타날 수 있다. 따라서 커피를 많이 마시게 되면 각성 상태가 길어져 학습에 지장을 받을 수 있다. 또 커피가 뼈를 약하게 해 성장기 어린이에게 별 도움이 안 되기 때문에 섭취를 권장하지 않는 것이다.

대보름 음식이 진짜 **웰빙식**

예부터 음력 1월 15일 정월 대보름에는 오곡밥·묵나물·부럼·귀밝이술 등을 먹으며 한해의 건강과 행운을 빌었다. 또 논두렁을 태워 벌레를 잡고 땅을 비옥하게 만들며 풍년 농사를 기원했다. "내 더위 사시오" 하면서 '더위팔기' 풍습을 통해 여름철 건강을 빌기도 했다. 이날에는 또 오곡밥을 이웃과 나눠 먹는 것이 미덕이다. 종기나 부스럼이 나지 말라고 호두·땅콩 등을 깨물어 먹기도 하고, 귀가 밝아지라는 뜻에서 술(청주)을 마셨다.

대보름에 먹는 음식은 요즘 기준으로 보면 훌륭한 웰빙식이다. 잡곡이 우리 몸에 좋은 것은 이미 다 알려져 있고, 부럼 역시 혈관 건강에 유익해 현대인들이 꼭 챙겨 먹어야 할 식품으로 자리 잡았다.

정월 대보름의 대표 음식은 오곡밥이다. 다섯 가지 곡식인 찹쌀·조·팥·수수·콩 등으로 지은 밥은 신라의 소지왕에서 유래한다. 소지왕은 까마귀의 도움으로 자신을 죽이려는 왕비와 중의 음모를 알아내 화를 면했다. 이후 소지왕은 자신의 목숨을 구해준 까마귀에게 은혜를 베푼다는 뜻으로 매년 1월 15일을 까마귀 제삿날(烏忌日)로 정하고 귀한 재료를 넣은 검은 밥을 올려놓았다. 그때 까마귀가 먹은 음식이 바로 약밥(약식)이었다고 한다. 약밥에는 잣·밤·대추 등을 넣는데, 평민들은 이 같은 귀한 재료를 구하기가 어려워 약밥 대신 쌀과 콩 등의 다섯 가지 곡식을 넣어 오곡밥을 지어 먹었다고 한다.

도정이 덜 된 곡식을 섞어 짓는 오곡밥은 비타민·미네랄·식이섬유가 풍부

체질별 오곡 섭취

찹쌀은 성질이 따뜻하고 소화가 잘돼 속이 차고 소화기가 약한 소음인에게 좋다. 조 역시 소변을 잘 나오게 하고 설사를 멎게 하는 효과가 있어 소음인에게 적합하다. 팥은 열을 내려주고 소변을 잘 보게 해줘 열이 많고 신장·방광이 약한 소양인에게 적합하다. 콩과 수수는 몸의 습기를 없애주고 열을 내려 태음인에게 좋다.

하다. 쌀밥보다 열량은 20% 적으면서 칼슘과 철은 2.5배나 많다. 특히 도정 과정에서 손실되는 비타민B2를 섭취할 수 있을 뿐 아니라 쌀에 부족한 각종 영양 성분을 많이 함유하고 있어 비만 예방 식품으로 손색이 없다.

오곡밥과 함께 먹는 반찬은 나물류다. 요즘이야 사시사철 채소를 먹을 수 있지만 옛날 정월 대보름은 봄나물이 나오지 않는 때라 가을볕에 잘 말려두 었던 나물을 물에 불렸다가 기름에 볶고 무쳐 먹었다. 묵나물이 겨울에 부 족하기 쉬운 비타민과 무기질을 공급하는 역할을 한 것이다.

정월 대보름에는 일어나자마자 제 나이만큼 부럼을 깨물어 먹는 풍습이 있었다. 선조들은 처음 깨문 호두나 땅콩 등을 밖으로 던지면서 "부럼이요" 하고 외치면 그해 부스럼이나 종기 등의 피부병이 생기지 않는다고 믿었 다. 또 딱 하고 깨무는 소리에 놀라 잡귀가 도망가고 이(齒)에 자극을 줘 치 아가 건강해진다고 생각했다. 견과류는 지방이 많아 적은 양으로도 많은 열량을 낼 수 있고 몸에 좋은 불포화지방산이 많아 혈액순환을 원활하게 하 는데 도움을 준다. '항산화 비타민'이라 불리는 비타민E도 풍부해 피부 미 용에도 좋다.

우리는 **떡국**, 지구촌 **새해 음식**은?

　　　　　　한 해를 새롭게 시작하는 마음은 늘 희망으로 가득 찬다. 나라마다 설을 맞는 풍경은 다르지만 새해 음식을 나눠 먹으며 건강과 행복, 소망을 기원하는 마음은 같다. 우리가 설날 아침에 무병장수와 복을 축원하는 뜻이 담긴 떡국을 먹는 것과 마찬가지로 나라마다 새해의 복을 바라며 소망을 담아 먹는 음식들이 있다.

　중국은 음력 1월 1일을 춘절이라 부르며, 최대 명절로 꼽는다. 중국의 북쪽 지방에서는 '만두'를, 남쪽 지방에서는 '떡'을 먹는다. 만두를 만들 때 소를 넣고 만두피를 서로 맞붙인다. 이는 '입을 막는다'는 것으로 나쁜 일을 미리 없앤다는 뜻이다. 만두소에는 동전·대추·땅콩 등을 넣는데, 동전은 한해의 금전운을 의미하는 것으로 먹지는 않는다. 대추는 복, 땅콩은 자손의 번창을 의미한다. 팥소 등을 넣어 새알 모양으로 빚은 찹쌀떡인 '원소'와 이것을 국물에 넣어 만든 '탕원'도 새해 음식 중의 하나다. 남쪽 지방 사람들은 '니엔가오'라는 전통 떡을 먹는다. 니엔가오는 발음이 '해마다 높이 오른다'는 뜻의 '年高'와 비슷해 부자 되기를 바라는 기원이 담겨 있어 설날에 많이 먹는다고 한다. 또 네모난 모양의 황색과 흰색의 니엔가오는 각각 황금과 백은을 상징해 새해에 부자가 되라는 의미를 담고 있다.

　아시아의 다른 나라와는 달리 일본은 유일하게 양력설을 쇤다. 설날 음식으로는 '오세치 요리'와 '가가미모찌'가 있다. 오세치 요리는 우엉·연근·새우·다시마·검은콩·무·청어알 등을 달짝지근하게 조려낸 것으로 설 연휴 동안 먹는다. 오세치 요리는 연말에 미리 만들어두는데, 그 이유는 설 연휴에 여자들이 쉴 수 있도록 하기 위해서라는 것과 원래는 신을 맞는 동안 소란스럽지 않고 조용히 보내기 위한 것이라고 한다. 요리에 들어가는 콩은 근면, 청어알은 자손 번영, 새우는 장수, 연근은 지혜를 뜻한다. 또 설날에 집집마다 찹쌀가루를 쪄서 '가가미모찌'라는 둥글납작한 찹쌀떡을 빚는 풍습

**'꿩 대신 닭'
속담 탄생시킨 떡국**

원래 떡국은 꿩고기를 넣고 우려낸 국물을 써야 맛이 제격이란다. 꿩고기가 귀해 구하지 못할 경우 대신 닭고기 육수로 떡국을 끓였다. 적당한 것이 없을 때 비슷한 것으로 대신한다는 의미로 '꿩 대신 닭'이라는 속담이 있다. 이 속담이 바로 떡국에서 유래했다.

도 있다. 이 떡은 나무로 만든 제기에 켜켜이 쌓아 새해 첫날 신에게 공물로 바친다. '오조니'라는 떡국도 대표적인 새해 음식이다. 물론 지역마다 넣는 재료는 다르다. 가다랑어와 다시마 우린 국물에 찹쌀가루로 만든 떡인 '가가미모찌'를 넣고 그 위에 버섯·무채·새우와 여러 색깔의 고명을 얹어 먹는다.

베트남에서 설에 빠질 수 없는 음식이 '반쯩'이다. 푸른색의 정사각형 모양을 한 반쯩은 토지를 정성껏 일궈 얻은 수확물을 상징하는 떡이다. 찹쌀과 돼지고기·녹두 등을 넣고 바나나잎이나 대나무잎으로 싼 후 끈으로 묶어 6~7시간 이상 찐다. 설날 풍속으로 집집마다 수박을 준비해 한 해의 운을 점치기도 한다. 수박을 반으로 잘랐을 때 빨갛게 잘 익었으면 좋은 일이 많이 생긴다고 믿는다.

몽골의 대표 설 음식은 '보즈'와 '오츠'다. 몽골인들은 집집마다 설에 대접할 전통 음식을 여러 날 전부터 준비한다. 보즈는 양고기나 소고기를 다져 양념한 후 양파·마늘 등을 섞어 만든 만두다. 양 한 마리를 통째로 삶아 내놓는 음식인 오츠는 손님들이 올 때마다 한 점씩 떼어내 대접한다. 이외에 '보브'(밀가루로 만들고 무늬를 넣은 전통 과자)는 5·7·9·15층으로 쌓아놓고 그 위에 사탕과 과일·유제품을 올려 장식한다.

나가며

● 　　　독자와의 만남은 늘 나를 가슴 뛰게 한다. 눈빛을 교환하든 음성을 나누든…. 전화기를 타고 들려오는 낯선 음성과 이메일에서 발견한 익숙하지 않은 이름은 설렘과 동시에 긴장감을 준다. 기사에 대한 관심과 격려, 예기치 못한 지적, 모자람에 대한 아쉬움 등 다양한 목소리에 귀를 열다 보면 게으름을 피우려던 몸 안의 근육이 팽팽해지고 어디서 모르게 힘이 솟아난다. 기자는 단소리와 쓴소리로 허기를 채우고, 젖 먹던 힘을 낸다.

'식품이야기' 칼럼을 쓰면서 만난 독자들은 예전의 독자와는 조금 달랐다. 남녀노소 누구나 하루 세끼, 365일 먹어야 사는 명제를 놓고 얘기하다 보니 취재원으로 평생에 한 번 만날까 말까 한 분들과도 인연을 맺었다. 이분들과는 거창하진 않지만 알차고 유익한 정보를 서로 나누며 건강한 식습관을 가지려는 작은 실천에 마음을 모았다고나 할까.

한번은 '행복한 도전'이라는 이름의 메일을 받았다. 경남 진주에 사는 웃음코칭 강사였다. 우연히 자료를 찾다가 식품이야기를 읽게 되었다는 그분은 연재된 기사를 다 받아서 읽고 싶다고 했다. 그렇게 인연을 맺은 이분은 10여 일 뒤 다시 연락을 해오셨다. 어디를 보느냐, 누구를 만나느냐에 따라 달라지는 게 인생인데, 도움을 줘서 감사하고 앞으로 더 열심히 공부하겠다는 다짐과 함께 재미있는 이야기보따리를 풀어 웃음을 선물해주셨다.

수년간 농민신문을 열심히 보고 계시는 한 애독자는 블로그에 식품이야기를 올려놓고 싶다며 양해를 구해오셨다. 식품에 관심이 많아 기사를 스크랩해오다 혼자 보기 아까워 블로그에 기사를 직접 입력해 올린다고 하셨다. 출처를 밝히고 있으니 기사를 계속해서 올려 나누고 싶다며 블로그 주소를 알려주셨다. 물론 흔쾌히 오케이 사인을 드렸다. 그해 크리스마스, 식품이야기 덕분에 블로그가 풍성해질 수 있었고 새해에도 더 좋은 정보로 만나기를 바란다며 예쁜 이메일 카드를 보내주셨다.

경북 상주에서 양봉하시는 한 농업인은 '꿀병 속 하얀 결정체' 기사를 읽고 메일을 주셨다. 소비자들이 오해하는 부분이면서 양봉인들이 고심하는 문제를 해결해줘서 고맙다는 내용이었다. 계속해서 농업인들의 애로 사항을 이해하고 좋은 글을 부탁한다는 말씀도 빼놓지 않으셨다. 농협에 근무하시는 한 분은 폭탄주에 대한 기사를 읽고 수년 전부터 정리해오던 폭탄주 자료를 기꺼이 보내주셨다. 심오하고 재미난 내용이 많아 기회가 되면 참고 자료로 쓰려고 보관하고 있다.

연재한 기사를 모두 스크랩해두신 분한테서도 전화를 받았다. 재래닭의 복원에 평생을 바치며 무항생제 축산을 실천하시는 경남 진주의 장상철 선생님. 70세가 훨씬 넘은 연세에도 건강한 농축산물 생산에 대한 열정과 도전 의식은 젊은 사람을 능가했다. 그분과 대화를 나누면서 많이 부끄러웠고, 더 많이 배워야겠다는 생각을 했다. 평생을 의미 있는 일에 투자하신 그분의 농사 철학과 건강한 식품에 대한 열의에 놀랐고 감사하는 마음이 절로 들었다.

뜻밖의 독자도 만났다. 사회에서 다시 새 삶을 준비하는 청년에게서 편지가 왔다. 마침 그곳에 배달되는 농민신문을 보다 우연히 식품이야기를 흥미롭게 읽으셨던 모양이다. 요리사를 꿈꾼다는 그는 후에 식당을 하고 싶다며 요리에 관련한 책이나 인쇄물을 부탁했다. 꿈을 향한 열정에 조금이라도 도움이 되고 싶어 서점을 샅샅이 뒤졌지만 원하는 책이 없었다. 그래서 인터넷을 뒤져 부족하나마 자료를 정리해 보내드렸다. 원하시는 책자를 구해드리지 못한 게 여전히 아쉽다.

출입처에서 인연을 맺었던 분들은 기사 소재를 열심히 던져주셨다. 농산물 유통과 식품 관련 일을 하고 있어서인지 궁금한 것도, 알고 계신 것도 많았다. 이렇게 독자와 소통하면서 108개의 기사로 식품이야기의 막을 내렸을 때 친한 분이 연락해오셨다. 기사의 마지막 번호가 108인 것도 심상치 않고, 마지막 기사의 주제가 성질이 정반대인 식품 이야기인 것을 보니 혹시 번뇌가 있는 것은 아니냐고 물으셔서 한참을 웃었다. 전혀 의도하지 않았는데 나름의 해석이 그럴싸했기 때문이다. 어쨌든 관심을 쏟아주신 데 대해 감사할 따름이다.

이 책이 우리 농산물의 가치에 눈뜨고, 보다 건강하고 알차게 먹을 수 있는 지혜를 갖는 데 도움이 된다면 나로서는 큰 보람이 아닐 수 없다. 편안하면서 재미있게 읽고, 책을 덮는 순간 실망하지 않았으면 하는 바람이다.

野
가족의 건강을 지키는 밥상혁명
야하게
먹자

참고 문헌

1 박정훈, 잘먹고 잘사는 법, 김영사, 2002년

2 김영경, 녹차가 내 몸을 살린다, 한언, 2006년

3 KFRI가 전하는 식품이야기, 한국식품연구원, 2008년

4 마이클 로이젠·메멧 오즈, 내몸 젊게 만들기, 김영사, 2009년

5 대한암협회·한국영양학회, 항암 식탁 프로젝트, 비타북스, 2009년

6 박민선·장소영, 오일혁명 놀라운 지방이야기, 동아일보사, 2009년

7 월터 C. 윌렛, 하버드 의대가 당신의 식탁을 책임진다, 동아일보사, 2009년

8 김봉아·백연선·신정임 외, 365일 살려면 채소&과일을 즐겨라, 농민신문사, 2009년

9 양세욱, 짜장면뎐, 프로네시스, 2009년

10 안병수, 과자 내 아이를 해치는 달콤한 유혹 2, 국일미디어, 2009년

11 이원종, 거친 음식이 사람을 살린다, 왕의서재, 2009년

12 나카무라 테이지, 7색 채소 건강법, 넥서스BOOKS, 2009년

13 조 슈워츠, 식품 진단서, 바다출판사, 2009년

참고 사이트

• 농식품종합정보시스템 koreanfood.rda.go.kr

• 식품의약품안전처 www.mfds.go.kr

• 과학카페 www.kbs.co.kr/1tv/sisa/science

• 생로병사의 비밀 www.kbs.co.kr/1tv/sisa/health

• 한국농촌경제연구원 www.krei.re.kr

• 세계라면협회 instantnoodles.org

• 농림축산식품부 www.mafra.go.kr